KB058101

미국~한달여행

미국 ~ 한 달 여행

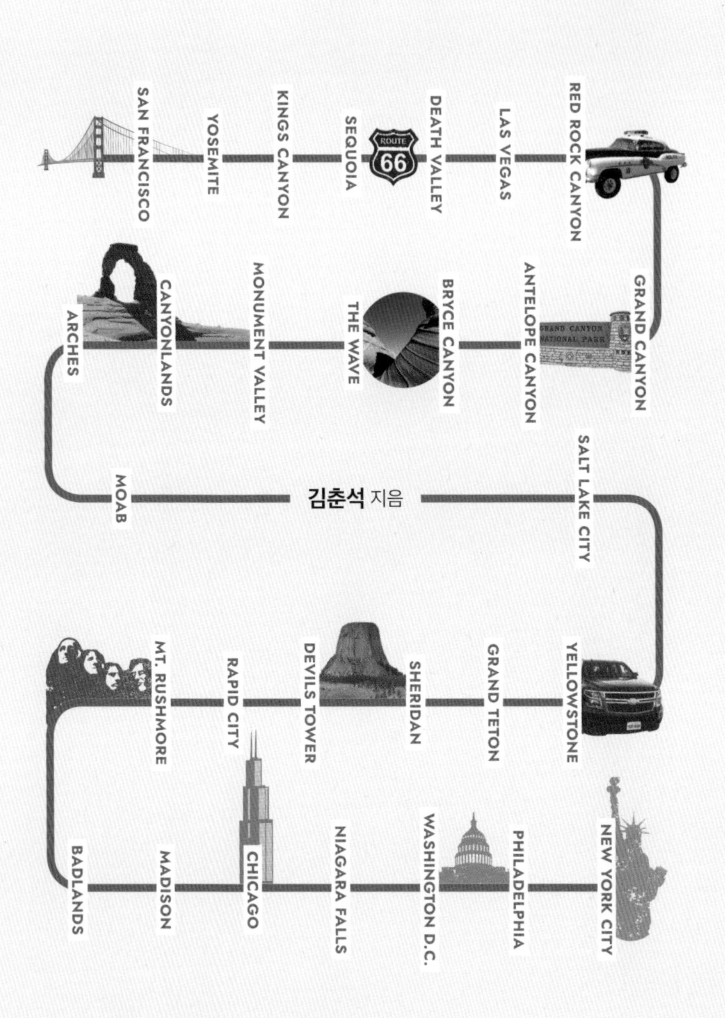

김춘석 지음

스타북스

서문

초등학교 학생 때 방학이 되면 할머니 집에 가기 위해 기차를 타고 가서 십리 길을 걸어 들어갔다. 플랫폼에 승객을 내려놓은 기차는 검은 연기를 내뿜으며 앞산 모롱이로 서서히 사라졌다.
"기차가 간 저 산 너머는 어떤 경치일까?"라고 궁금해하며 호기심 어린 눈빛으로 멀어져가는 기차를 한참 동안 바라보곤 했다. 이때 마음속에 여행이 꿈으로 자리 잡고 세월이 흐르며 점점 커져갔다.

여행은 생활의 청량제이며 활력소이다. 매일 반복되는 삶 속에서 잠깐 휴식을 취하고 자신을 돌아보며 재충전할 수 있기 때문이다.
직장에 다니며 휴일에는 근교 산이나 관광지에 가고 여행은 국내 출장을 가는 것이 고작이었다. 이런 일상생활 중 운이 좋아 장기간 여행갈 수 있는 기회가 두 번 주어졌다.

첫 번째는 1982년 미국 콜로라도대학교볼더 소재에 6개월간 어학연수를 갔을 때 겨울방학 기간이었다.
콜로라도대학교에 연수하러 온 국내 대학교수들 승용차에 동승하여 부푼 꿈을 안고 출발한 미국 서부 여행은 그랜드 캐니언 근처 도시 플래그스태프Flagstaff에서 좌절되고 말았다. 교통사고로

병원에 입원하여 척추 골절상 수술과 치료를 3주간 받아야 했다.

두 번째는 1989년 미국 위스콘신대학교매디슨 소재의 대학원 과정에 다니며 주어진 여름, 겨울방학 기간이었다.
당시 2년여의 장기 연수이지만 직장에 다니는 부인이 휴직이 되지 않아 혼자서 미국 생활을 했다.
첫 겨울방학은 그레이하운드 버스를 타고 콜로라도대학교볼더 소재 캠퍼스를 다녀왔다. 7년 전 교통사고 부상으로 콜택시로 등, 하교를 하고 휴식 시간에는 강의실 바닥에 누워 잠깐 쉬면서 강의를 듣던 곳을 돌아보니 감회가 깊었다.
1990년 여름방학 때에는 미국 동부와 서부를 두 번씩 다녀왔다. 한 번은 모친, 매제 부부와, 또 한 번은 부인, 아들과 비행기나 렌트카를 이용하여 관광을 했다.
그해 겨울방학 때에는 그레이하운드 버스를 타고 장거리 여행을 떠났다. 한 달간 버스를 무제한으로 탈 수 있는 승차권Unlimited Ticket, 지금은 폐지된 승차권제을 구입한 후 보름 정도는 버스에서 선잠을 자며 캐나다 서부, 미국을 돌아다녔다.
샌디에이고에서 마이애미까지 3일간72시간을 계속 버스를 타고 간

대륙 횡단 여행은 지금도 잊을 수 없는 추억이다. 애리조나 사막에 뜬 보름달, 텍사스 평원에 떠오르는 태양, 어린 손녀를 배웅하는 차창밖 노부부의 아쉬운 표정, 버스에 올라와 잠든 아들을 깨워 데리고 내려가는 어머니의 성난 모습 등은 지금도 기억이 생생하다.

직장에서 은퇴 후 2017년에 적립된 항공권 마일리지로 비행기 탑승권을 구입할 수 있다고 하여 미국 시카고 왕복 항공권을 예약7만 마일 공제했다. 4월에 7일간 위스콘신대학교와 콜로라도대학교를 둘러보고 나서 12일간은 덴버공항에서 렌트한 승용차로 콜로라도주, 유타주 등 중부지역을 여행했다. 미국에서 27년 만에 렌트카로 여행을 잘 마치고 나니 예전과 같이 할 수 있다는 자신감이 생겨 미국 대륙 횡단 여행을 가기로 마음먹었다. 2019년 고향 여주의 동창, 후배 등 3인과 미국 대륙 횡단 여행을 다녀왔다.
그다음 해 2020년 초에는 러시아 시베리아 횡단 열차에 몸을 실었다. 블라디보스토크에서 모스크바까지 6박 7일간 9,288km를 달려가는 긴 여정이었으나 수시로 바뀌는 차창 밖 경치에 지루한 줄 모르고 여행했다.

그 이후 중국 칭창열차青藏列車 여행, 미국 남부 대륙 횡단 여행 등을 계획했다. 그러나 전 세계적인 코로나바이러스 감염증-19 확산에 따른 규제로 해외여행이 어렵게 되어 미국 여행과 러시아 시베리아 횡단 열차 여행 등의 자료와 사진을 정리했다.
당초 책을 낼 생각은 없었으나 승용차로 미국 대륙을 횡단하고자 하는 여행자가 참고할 만한 서적이 별로 없는 것을 확인한 후 용기를 내어 펜을 들었다.

이번 미국 여행은 경비 절감을 위해 노력하고 일정도 휴식 없이 강행하여 불편과 고생이 많았다. 그런데도 유종의 미를 거둘 수 있도록 적극 협조하여 준 장이순 사장, 홍찬국 국장, 김근수 사장 등 여행 동행자분들께 감사의 마음을 전한다. 이 책의 사진은 필자 외에 장이순 사장과 홍찬국 국장이 잘 찍은 사진도 많이 게재했다. 또한 책의 편집을 위해 수고해주신 출판사분들 그리고 고향친구 조성경과 이추석 대학동창 등에게 감사드린다.

여행서를 처음 내다보니 미흡한 부분이나 일부 오류가 있을 수 있는데 독자들의 이해와 지도 편달을 부탁드린다.

여주에서 김춘석

contents

부록 시베리아 횡단 열차 여행

여행 계획의 수립

여행 계획을 세울 때는 기간, 방문지, 경비, 동행자, 이동 거리 등을 함께 고려하여야 한다.
2018년 12월 중순 미국 대륙 횡단 여행 계획을 처음 수립할 때는 샌프란시스코를 출발하여 뉴욕까지 왕복하는 큰 그림을 그렸었다.
주요 도시와 국립공원을 들르는 39박 41일이 소요되는 장거리 여행이었다.
그러나 같이 여행하기로 한 친구 장이순 사장건설업과 여주대학교 교수가 여행기간을 한 달 정도로 줄이자고 하여 단축하다 보니 왕복 여행이 아닌 편도여행으로 할 수밖에 없었다.
첫 계획 수립 시 뉴욕에서 샌프란시스코로 돌아오며 들르기로 한 그랜드 캐니언 국립공원은 편도여행 코스로 옮겼다.
그리고 로스앤젤레스와 다른 5곳의 국립공원게이트웨이 아치, 로키 마운틴,

그레이트 샌드 듄, 메사버드, 조슈아 트리 등은 이번 여행 코스에서 제외했다.
2019년 초에 여주대학교 교수가 학사 일정 때문에 7월 초부터 20일간만 가능하다고 하여 이에 맞춘 계획을 짜보았다.
최단기간의 이 계획은 이동거리와 주요 방문지 관람 등을 감안하면 일정이 너무 타이트하여 실행하기 힘들었다. 결국 여주대 교수는 여행에 불참하기로 하고 고향 후배 김근수 사장건설업이 동참하게 되었다.
최종 여행계획은 7월 11일 인천공항을 출발하여 샌프란시스코로 가서 여행을 시작하고 뉴욕에서 렌트카를 반납한 후 8월 12일 귀국하는 안31박 32일으로 확정했다.
2월 초에 홍찬국 전 여주시청 국장이 합류하기로 하여 여행을 함께하는 인원은 총 4명이 되었다.
주요 이동 경로숙박지 기준는 아래와 같다. 괄호 안 숫자는 숙박일 수이다.

샌프란시스코(2) ⇒ 프레즈노(2) ⇒ 라스베이거스(2) ⇒ 페이지(1) ⇒ 캐나브(3) ⇒ 모압(3) ⇒ 웨스트 옐로스톤(4) ⇒ 셰리든(1) ⇒ 래피드시티(2) ⇒ 앨버트 리(1) ⇒ 매디슨(1) ⇒ 시카고(2) ⇒ 버펄로(2) ⇒ 워싱턴 디시(2) ⇒ 뉴욕(3)

여행을 위한 사전 준비

여행을 떠나기 전 준비하여야 할 것은 여권과 비자 발급, 항공권 등 예약, 국제운전면허증 발급, 해외여행자보험 가입 등이다.

여권

해외여행 시 여권은 필수적인 신분증이다. 시청, 군청, 구청 등의 민원실에서 발급받는다.
미국, 대만, 호주, 태국, 스위스 등 일부 국가는 여권 유효기간이 6개월 미만 시 여행이 불가한 나라이다.
김근수 사장은 여권 만료일이 5개월밖에 남지 않아 여권을 새로 발급받았다.

비자 발급

미국에 90일 이내 체류가 가능한 비자는 네이버 검색창에 "미국 여행 비자"를 입력하면 바로 ESTA 여행 승인 전자 시스템 공식 사이트가 뜨는데 개인 정보를 입력하고 신용카드로 미화 $14을 결제하면 되었다.

캐나다 쪽 나이아가라폭포를 보기 위하여 캐나다 비자도 받았는데 네이버 검색창에 "캐나다 여행 비자"를 입력하면 eTA 전자 여행 허가 신청 사이트가 뜨는데 미국 비자 신청과 동일한 방법으로 하면 된다. 신청 수수료는 $7 캐나다 달러 이었다.

항공권, 렌트카, 숙소 예약

네이버 검색창에 "Booking.com"을 입력하면 항공권, 렌트카, 호텔 등을 예약할 수 있는 사이트로 갈 수 있었다.

이곳에서 항공권 최저가 상품을 확인하고 1월 21일 여행사 노랑풍선 를 통하여 3인의 왕복 항공권을 예약 1,128천원/인 했다.

동일한 사이트에서 렌트카를 검색한 후 적정 차량으로 스탠다드 SUV 니산, Pathfinder 를 선정하여 1월 25일 알라모 렌트카 한국총판을 찾아가서 32일간 $2,970에 예약했다.

이 금액에는 임차료, 보험료 이외에 Drop Charge 렌트카를 빌린 곳 아닌 다른 장소에 반납할 경우 추가 부담액 $500이 포함된 가격이었다.

세 번째로 동일한 사이트에서 여행 일정과 이동 거리 등을 감안하여 2월 2일부터 5일간 숙소를 검색하여 예약했다.

"Booking.com" 사이트의 숙소를 클릭하여 도시명, 체크인과 체크아웃 일자, 숙박 인원등을 입력하면 "저희가 추천하는 숙소", "요금낮은순" 등 여러 종류의 숙소를 검색할 수 있었다.
한 달간 여행이므로 경비를 절약하고자 요금이 낮은 호스텔, 모텔이나 인Inn 중에서 선택, 예약했다.
호스텔은 저렴하게 숙박주로 2층 침대을 하면서 주방시설이 대부분 갖춰져 있기 때문에 한국 음식, 스테이크 등을 직접 조리하여 들 수 있는 장점이 있다.
호스텔은 모압유타주과 버팔로에 예약을 하였는데 2017년 여행 때 편안하게 머물던 캐나브유타주의 호스텔The Cowboy Bunkhouse Hostel은 5개월 10여 일 전인데도 7월 여행 성수기이기 때문에 빈 방이 없어 예약을 하지 못하엿다.
부킹스 닷컴 사이트의 숙소를 예약하기 전 한국인이 운영하는 호스텔주로 한 방에 2인 내지 4인 숙박이 예약 가능하면 이를 먼저 선택했다.
네이버 검색창에 "한인텔"이나 "www.hanintel.com"을 입력, 검색하면 미국 14개 도시에 있는 한인텔의 숙소명과 객실 형태, 가격 등을 볼 수 있었다.
한인텔은 그 도시의 최신 여행 정보와 한인 식당, 한인 운영 수퍼마켓 등을 알 수 있고 주인과 대화도 나눌 수 있기에 추천한다.
한인텔 예약 도시는 샌프란시스코, 라스베이거스, 워싱턴 디시, 뉴욕 등 4개 도시이었으나 워싱턴 디시의 한인텔워싱턴 화이트하우스은 주인이 6월 22일 예약 취소를 요청하여 일반 숙소로 변경했다.
주인이 모친 병 간호를 위하여 당분간 서울에 가야 되기 때문에 영업을 중단한다고 연락이 왔다.

여행기간에 숙박하는 15개 도시 중 한인텔 3곳, 호스텔 2곳, 일반 숙소 10곳이 중 모텔6가 4곳, Inn 3곳으로 예약을 완료했다.
3인의 예약 후 홍찬국 국장이 합류하여 항공권과 숙소 등을 2월 10일경에 추가로 예약했다.

국제운전면허증 발급

함께 여행을 하는 4인 중 장이순 사장은 여행 기간에 운전을 하지 않고 음식 요리를 전담하기로 했다. 다른 3인은 운전을 번갈아 하기로 하여 각자 국제운전면허증을 발급받았다.
여주경찰서에 가서 신청을 하니 즉시 발급해 주었다.
수수료 8,500원은 신용카드로 결제했다.
국제운전면허증은 가까운 경찰서 민원실 외에도 도로교통공단 운전면허시험장 또는 인천김해국제공항 등에서도 발급받을 수 있다.

해외 여행자 보험 가입 등

해외 여행자 보험 가입은 선택 사항으로 가입하지 않아도 되나 미국이 병원 의료비가 고가이고 장기간 여행인 점을 감안하여 상해사망2억, 해외 상해 및 질병 의료비2천만원 등을 보장하는 보험을 메리츠화재보험에 가입했다. 1인당 보험료는 9만 6,400원이었다.
관광지 중 사전 예약이 필요한 유타주 안텔로프 캐니언은 지하에 있는 로워 캐니언Lower Canyon과 지상에 있는 어퍼 캐니언Upper Canyon으로 나뉜다. 어퍼 캐니언은 더 아름답고 인기 있어 5개월 보름 전인데도 예약이 마감되어 로워 캐니언을 예약했다. 네이버 검색창에 “www.lowerantelope.com”을 입력하면 Ken’s Tours 사이트에 연결할 수 있어 2월 5일에 1인당 $40에 예약했다.

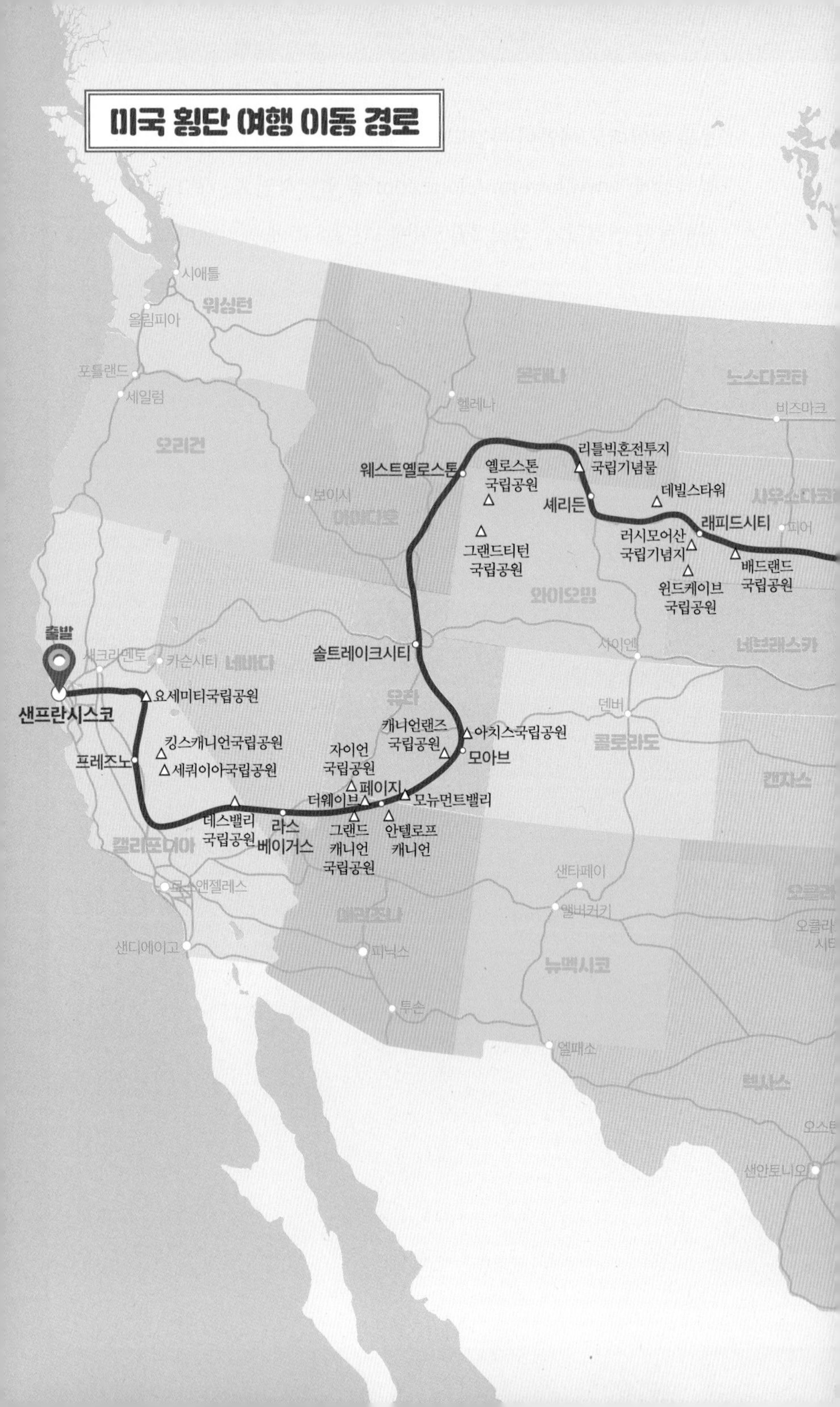

미국 횡단 여행 이동 경로

출발
샌프란시스코
요세미티국립공원
킹스캐니언국립공원
세쿼이아국립공원
프레즈노
데스밸리 국립공원
라스 베이거스
자이언 국립공원
페이지
더웨이브
그랜드 캐니언 국립공원
안텔로프 캐니언
모뉴먼트밸리
캐니언랜즈 국립공원
아치스국립공원
모아브
솔트레이크시티
웨스트옐로스톤
옐로스톤 국립공원
그랜드티턴 국립공원
리틀빅혼전투지 국립기념물
셰리든
데빌스타워
래피드시티
러시모어산 국립기념지
윈드케이브 국립공원
배드랜드 국립공원

시애틀
워싱턴
올림피아
포틀랜드
세일럼
오리건
보이시
아이다호
헬레나
몬태나
노스다코타
비즈마크
사우스다코타
피어
와이오밍
새크라멘토
카슨시티
네바다
유타
샤이엔
네브래스카
덴버
콜로라도
캔자스
캘리포니아
로스앤젤레스
샌디에이고
애리조나
피닉스
투손
샌타페이
앨버커키
뉴멕시코
엘패소
텍사스
오클라호마
오클라 시티
오스틴
샌안토니오

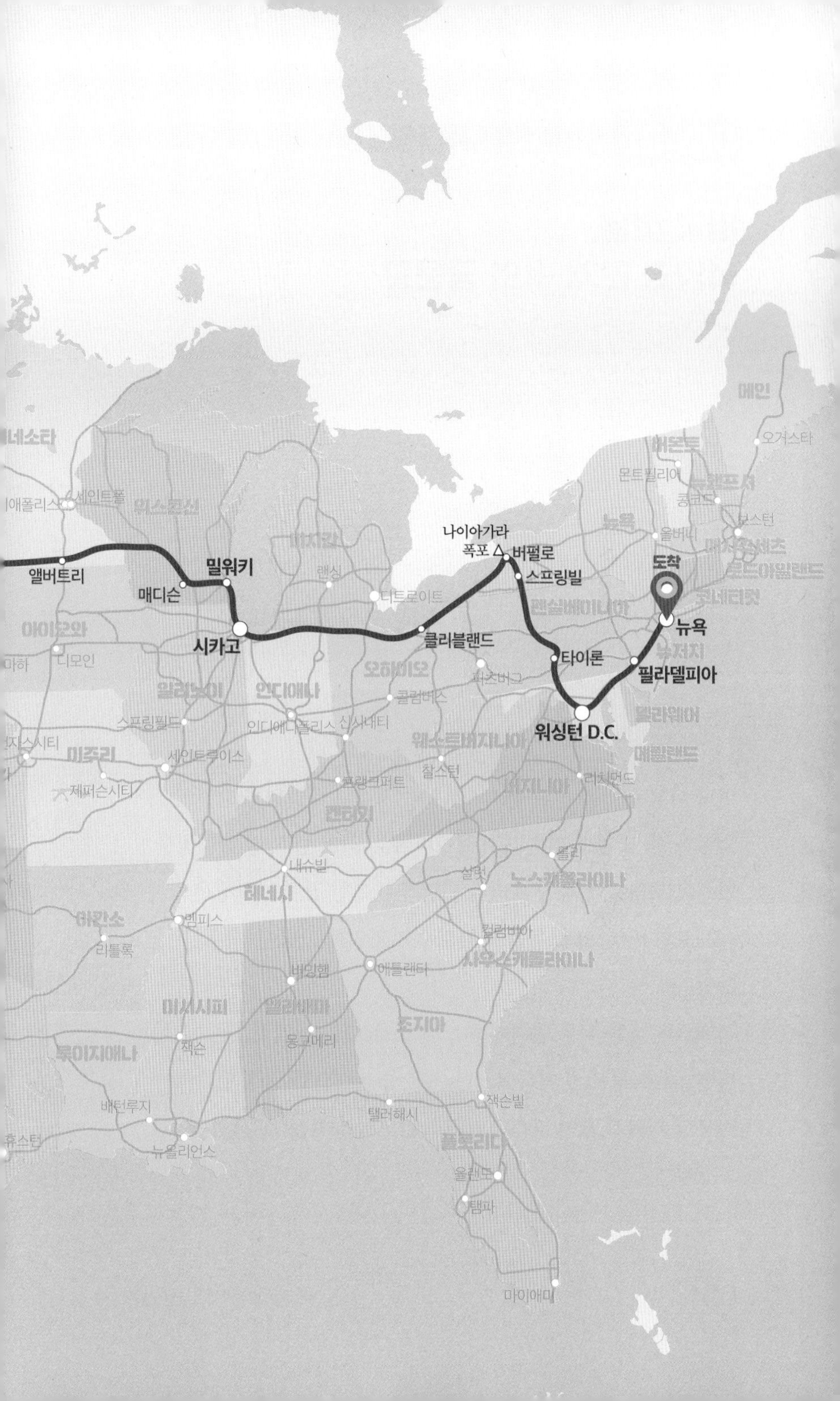

앨버트리
매디슨
밀워키
시카고
클리블랜드
나이아가라
폭포
버펄로
스프링빌
타이론
워싱턴 D.C.
필라델피아
도착
뉴욕
메인
오거스타
버몬트
몬트필리어
뉴햄프셔
콩코드
보스턴
올버니
매사추세츠
로드아일랜드
코네티컷
펜실베이니아
뉴저지
델라웨어
메릴랜드
위스콘신
세인트폴
미시간
랜싱
디트로이트
아이오와
디모인
일리노이
인디애나
오하이오
피츠버그
콜럼버스
스프링필드
인디애나폴리스
신시내티
웨스트버지니아
찰스턴
미주리
세인트루이스
제퍼슨시티
프랭크퍼트
버지니아
리치먼드
켄터키
내슈빌
롤리
샬럿
노스캐롤라이나
테네시
아칸소
멤피스
리틀록
컬럼비아
사우스캐롤라이나
버밍햄
애틀랜타
미시시피
앨라배마
조지아
잭슨
몽고메리
루이지애나
배턴루지
잭슨빌
탤러해시
뉴올리언스
플로리다
올랜도
탬파
마이애미

DAY 01 SAN FRANCISCO

미국 첫날, 석양과 안개 속의 금문교

미국 여행 준비를 하고 나서 5개월이 지나니 대망의 출발일이 되었다. 한 달간의 장기간 여행이다 보니 각자 큰 가방 하나씩을 가지고 모였는데 음식 요리를 전담하기로 한 장이순 사장은 식재료와 버너, 코펠 등을 추가로 가져가기에 가방이 하나 더 늘었다.

식재료 준비를 너무 철저히 하느라 소금, 까나리 액젓김치 담그는 젓갈, 당면잡채 재료 등도 준비하였으나 여행 중 타이트한 일정 때문에 사용할 기회가 없어 라스베이거스 한인텔토리하우스 신 사장께 드렸다.

인천공항에서 오후 8시 30분에 출발하여 10시간 30분을
비행하였으나 시차Time Difference 때문에 샌프란시스코 공항에 당일
오후 3시에 도착했다.
공항에서 1시간 20여분이나 걸린 입국심사를 마치고 알라모Alamo
렌트카 공항사무소를 찾아갔다.
당초 한국에서 중형차스탠다드 SUV를 예약하였으나 여행 인원이
4명으로 늘고 큰 가방이 5개나 되어 대형차Full-Size SUV로
변경하여 렌트하기로 했다. 차 임차료도 $2,970에서 $4,300으로
증액되었다.
그러나 여기서 문제가 발생했다. 차 임차료를 필자의
마스터카드로 결제하려 하였으나 결제가 되지 않았다. 한국에
있는 마스터카드 회사로 전화를 하니 결제 한도가 $3,000인데
한도를 초과하여 결제가 되지 않은 것이라고 했다. 예상하지 못한
뜻밖의 사태에 당황스럽고 어찌해야 할지 난감해졌다.
이때 홍찬국 국장이 다가와서 자기가 가지고 있는 직불카드가
잔액이 충분하니 사용해 보라고 했다.
직불카드로 결제가 되어 차를 빌리고 나니 온몸에 맥이 탁 풀렸다.
이후 필자의 마스터카드로 숙박비, 식당 식사비 등을 결제하다가
7월 28일부터는 홍 국장의 직불카드로 결제를 해야 했다.
해외에 갈 때는 사용 카드의 결제 한도, 사용 예상 금액 등을 추산한
후 미리 준비해야 한다는 값진 교훈을 얻었다.

렌트카를 인수하였으나 긴장이 풀리고 피로가 몰려와서 운전할

• 석양에 안개 낀 금문교

마음이 내키지 않아 김근수 사장에게 핸들을 넘겼다. 해가 지기 전까지 시간 여유가 있어 첫 방문지 금문교Golden Gate Bridge로 향했다.

금문교는 샌프란시스코의 상징물이며 1996년 미국 토목학회GSCE가 선정한 현대 토목 건축물 7대 불가사의 중 하나다. 건설 당시 험난한 지형과 깊은 수심, 빠른 조류, 거센 바람과 안개 등으로 "실현 불가능한 꿈"으로 여겨졌던 금문교는 착공 4년 만인 1937년 완공되었다.

붉은색의 금문교를 건너 북동쪽의 비스타 포인트Vista Point에서 다리 정면을 감상하고 왼쪽 언덕 배터리 스펜서Battery Spencer에 올랐다.
석양에 안개가 덮이기 시작하는데 검푸른 물결 위 현수교는 환상적인 경치를 연출하고 있었다.
안개가 퍼지며 시시각각으로 변하는 풍광을 바라보고 있자니 밤새워 비행기를 타고 온 피로가 안개 속으로 빨려 들어가는 것 같았다.

DAY 02 SAN FRANCISCO

샌프란시스코의 명소를 찾아서

샌프란시스코의 대표적 관광 명소인 피셔맨스 워프Fisherman's Wharf부터 찾아갔다.

해안가 부두에 있는 보트와 유람선, 기념품 가게, 해산물 레스토랑, 오락시설 등과 바다 쪽 경치를 구경하며 즐거운 시간을 가졌다.

바다 쪽 아름다운 알카트라즈섬Alcatraz Island에는 영화 "알카트라즈 탈출"로 유명해진 미국 연방 감옥이 있었는데 알 카포네 등 가장 강력한 범죄자들을 수감해 왔었다고 한다.

열 네 차례의 탈옥이 시도되었으나 모두 실패하여 한 번 들어가면 절대 빠져나올 수 없는 악마의 섬이라 부르기도 하였는데 지금은

알카트라즈섬

감옥이 폐쇄되고 여행객이 찾는 관광지가 되었다.

부두39Pier 39에서 휴식 중인 바다사자들을 구경하고 나서 점심 식사를 하기 위해 식당가로 향했다.
메뉴 선정 시 장이순 사장이 킹크랩대게을 들자고 하였으나 여행 초부터 최고급 요리를 들면 여행 경비가 너무 많이 들 것 같아 반대했다.
런치 스페셜빵, 구운 고기, 음료로 점심을 들었으나 다른 팀원들의 실망한 표정이 지금도 눈에 선하다. 지금 생각하면 그때 킹크랩을 들었어야 했다. 한 달간 여행의 첫 점심 식사이고 팀원들의 사기

◦ 롬바드 스트리트(세계에서 제일 구불구불한 길)

진작을 위하여…….

점심 후 "세계에서 가장 구불구불한 길"이라는 러시안 힐의 롬바드 스트리트Lombad Street로 갔다. 경사가 27도 이어서 약 400m의 짧은 구간에 지그재그로 내려오며 급커브를 여덟 번이나 꺾어야 했다. 위에서 아래로 내려오는 일방 통행로인데 주위에 흰색, 붉은색, 노란색의 수국과 장미꽃을 심어 놓아 길 가 예쁜 집들과 멀리 보이는 바다와 함께 멋진 풍경화를 그리고 있었다.

롬바드 스트리트를 구경한 후 팰리스 오브 파인 아트Palace of Fine

• 팰리스 오브 파인 아트(원경)

Arts로 내려갔다.

이 건물은 그리스와 로마 형식으로 1915년 만국박람회 때 건축 후 현재까지 보존하고 있는데 화려하고 호수와 어우러진 멋진 경치로 결혼식장, 공연장 등으로 많이 사용된다고 한다.

건물과 호수를 둘러보고 어제 안개로 전체 모습을 보지 못한 금문교를 다시 찾기로 했다.
다리 건너 왼쪽 언덕에서 제일 높은 호크 힐Hawk Hill에 올라 바라보니 시야가 탁 트여 금문교가 한 눈에 들어왔다.
그러나 띠를 두른 안개는 어제와 같이 온전한 다리 모습을

• 팰리스 오브 파인 아트(근경)

보여주지 않았다.

그래도 다리 뒤 편 샌프란시스코 시내 고층 빌딩들이 안개 속에 환상적인 모습을 드러냈다. 이 빌딩들이 알카트라즈 섬, 붉은 다리 밑 흰 유람선, 검푸른 바다와 가파른 언덕 등과 어우러진 풍경은 세계에서 가장 아름다운 다리라는 명성을 얻을 만했다.

호크 힐에서 내려와 오늘의 마지막 방문지 골든 게이트 공원으로 향했다.

뉴욕 센트럴 파크보다 20%나 더 큰 이 공원은 박물관, 미술관, 식물원, 스타디움 등이 있는데 아기자기하고 정교하게 만들어 놓은 일본 티 가든Japanese Tea Garden을 찾아갔다.
봄에 벚꽃과 진달래가 피면 더욱 아름답다는 이 정원은 1894년 캘리포니아 국제박람회 때 지어졌다고 한다. 일본식 정원으로 사찰 같은 건물과 야외의 불상, 인공 연못가의 돌다리와 금붕어 등은 동양의 정취에 빠져들게 했다.

어제부터 운전한 김근수 사장이 피곤하다고 하여 공원에서 운전을 인계받아 한인 마트로 가서 아이스박스, 식료품 등을 구입했다.
저녁 식사는 한인 마트에서 산 삼겹살, 물오징어, 상추, 김치 등에 소주잔을 함께 기울이며 점심때 킹크랩을 못 든 아쉬움을

• 골든 게이트 공원의 일본 티 가든 연못

• 호크 힐에서 바라본 금문교

조금이나마 달랬다.

샌프란시스코는 우리나라 노인 세대에게 많이 알려진 도시이다. 1953년에 장세정 가수가 부른 대중가요 "샌프란시스코"가 그 이후 인기를 누렸기 때문이다.

그 노래 가사 중 생각나는 일부를 읊조리며 한인텔해피하우스 침대에서 잠자리에 들었다.

> 비너스 동상을 얼싸안고 소근대는 별 그림자
> 금문교 푸른 물에 찰랑대며 춤춘다.
> 불러라 샌프란시스코야, 태평양 로맨스야.
> 나는야 꿈을 꾸는, 나는야 꿈을 꾸는 아메리칸 아가씨

DAY 03 YOSEMITE

빙하가 만든 자연의 걸작,
요세미티 국립공원

여행 셋째 날은 미국에서 처음으로 장거리 운전을 하는 날이라 5시에 출발했다.
샌프란시스코를 떠나 요세미티 국립공원Yosemite National Park을 경유하여 남쪽 프레즈노Fresno까지 약 550km를 가는 일정이었다. 출발하기 전 김근수 사장이 자기가 운전하겠다고 나섰다. 어제 오후 나이가 제일 어린데도 피곤하다고 운전을 필자에게 넘긴 것이 미안해서 그렇게 제안했을 것이라 생각되었다. 그러나 3명이 돌아가며 운전하는 것이 여행계획 세울 때부터 방침이고 안전상 좋다고 판단하여 그의 제안을 거절했다. 제안이 받아들여지지 않자 김 사장의 얼굴 표정이 어두워지며 굳어져 저녁 식사때 제안 거절에 대하여 사과했다.

요세미티 국립공원은 그랜드 캐니언, 옐로스톤과 함께 미국을 대표하는 3대 국립공원으로 꼽히는데 약 100만년 전 빙하의 침식작용으로 절벽과 계곡이 형성되었다. 빙하가 화강암 지대를 깎아내면서 생긴 요세미티 밸리Yosemite Valley는 이 국립공원의 핵심적인 경치를 볼 수 있기 때문에 대부분의 관광객들이 이 계곡을 찾는다고 한다.
요세미티계곡의 명소는 914m 높이의 수직 암벽으로 암벽 등반가들의 꿈의 장소인 엘 캐피탄El Capitan, 바가지를 반으로

• 요세미티 국립공원의 엘 캐피탄

• 요세미티 국립공원의 하프 돔

쪼개놓은 듯한 요세미티 공원의 상징 하프 돔Half Dome, 높이 739m로 세계에서 여섯 번째로 높은 요세미티 폭포Yosemite Falls, 폭포가 바람에 날려 신부의 면사포를 연상시킨다는 브라이들 베일 폭포Bridal Veil Fall 등이 있다.

약 4시간을 달려 공원 입구 요금소에서 입장권을 구입했다. 차 한 대당 $35의 요금인데 앞으로 8개의 국립공원을 더 방문할 계획이기에 일 년간 사용할 수 있는 연간입장권Annual Pass을 $80에 구입했다.

요세미티밸리에 들어서니 계곡 내의 도로는 일방통행으로 오른쪽으로 진입하여 계곡을 한 바퀴 돌아 왼쪽으로 나오게 되어 있는데 차들이 몰려 정체가 극심했다. 차량 정체의 주요 원인은 여름 휴가철이라는 것 이외에 아름다운 경치가 눈에 들어오면 차에서 내려 사진을 찍느라 차를 세우기 때문이었다.
깎아지른 듯한 화강암과 쏟아져 내리는 폭포에 둘러싸인 요세미티 계곡은 울창한 소나무 숲과 푸른 초원, 그 사이를 흐르는 머세드강 등으로 빼어난 경관을 자랑하고 있었다.

계곡을 빠져나와 요세미티의 웅장한 자연을 감상할 수 있는 두 곳의 전망대로 향했다.

• 요세미티폭포

• 신부 면사포 폭포

첫째는 터널 뷰Tunnel View 전망대로 요세미티 밸리 전경이 한눈에 들어왔다.
왼쪽으로 엘 캐피탄, 오른쪽으로는 브라이들 베일 폭포, 앞쪽으로 멀리 하프 돔이 보였다.
요세미티 국립공원의 명소들을 한 곳에서 모두 볼 수 있는 장소로 앞에 펼쳐진 경치를 바라보고 있자니 신선 세계에 들어와 있는 듯한 느낌이 들었다.

요세미티 계곡(머세드강과 엘 캐피탄, 신부 면사포 폭포)

둘째는 글레이셔 포인트Glacier Point로 터널 뷰에서 남쪽으로 계속 올라가니 나타났다. 글레이셔 포인트는 해발 2,199m 높이의 거대한 화강암 벼랑으로 요세미티 공원의 상징인 하프 돔을 가장 가까이에서 볼 수 있는 곳이었다.
하프 돔 뒤쪽으로 시에라 네바다 산맥의 연봉들이 만년설을 품고 있고 오른쪽으로는 네바다 폭포, 버날 폭포가, 왼쪽으로는 요세미티 폭포가 자리하여 그야말로 장관 중에서도 장관이었다.

점심 후 오늘의 마지막 방문지 마리포사 그로브Mariposa Grove로 차를 몰았다.
주차장에 차를 대고 셔틀버스로 마리포사 그로브 입구에서 내리니 하늘을 향하여 시원스럽게 쭉쭉 뻗은 세콰이어나무 군락지가 나타났다. 거대한 세콰이어Giant Sequoias 나무 500여 그루가 모여 있는 이곳은 직경이 3m 이상인 것만 해도 200그루가 넘고 2,000년 이상 된 거목들도 많다고 했다.
목책으로 조성해 놓은 길을 따라 걸으며 이 숲에서 가장 크고 유명한 그리즐리 자이언트Grizzly Giant 나무와 거대한 고목이 쓰러져 뿌리를 드러내놓고 누워 있는 폴른 모나크The Fallen Mornach 나무 등을 보니 감탄사가 절로 나왔다.

오늘의 숙박지 프레즈노에 도착하여 모텔 6에 체크인 하고 한국식당가야 코리안 바비큐에서 김치찌개로 저녁을 들고나니 오후 10시 30분이나 되었다.

· 요세미티 국립공원 마리포사 그로브의 폴른 모나크 앞 팀원들

오전 5시부터 18시간의 강행군이었으나 너무 멋진 경치에 취한 하루이어서 피곤한 줄을 몰랐다.

• 글레이셔 포인트 앞 전경(하프 돔, 네바다 폭포 등)

★ ★ ★ ★ ★ ★ DAY 04 SEQUOIA NATIONAL PARK

세계에서 가장 큰 나무가 있는 세콰이어 국립공원

숙소를 출발하여 킹스 캐니언 국립공원Kings Canyon National Park과 세콰이어 국립공원Sequoia National Park을 탐방하고 다시 프레즈노로 돌아오는 날이었다.

두 국립공원 모두 어제 마리포사 그로브에서 본 세콰이어 나무들로 가득찬 숲으로 유명하다.

킹스 캐니언 국립공원은 1890년 제너럴 그랜트 국립공원General Grant National Park이란 이름으로 미국에서 두 번째로 국립공원에 지정되었다가 1940년 공원 면적을 크게 늘리며 현재의 명칭으로 변경했다.

• 세계에서 제일 큰 나무였다가 두 번째가 된 제너럴 그랜트 나무

이 국립공원에는 1930년대까지 세계에서 제일 큰부피 나무이었던 제너럴 그랜트 나무General Grant Tree가 있다.
그랜트 장군은 미국 남북전쟁 시 북군의 사령관 장군으로 후에 제18대 대통령까지 지낸 인물이다.
1867년에 나무 이름을 붙일 때 세계에서 제일 큰 나무로 추정되어 그랜트 장군의 이름을 따서 명명했다고 한다.

1930년대 정밀 측정 결과 세콰이어 국립공원에 있는 제너럴 셔먼 나무General Sherman Tree가 더 크다는 것이 밝혀져 1위 자리를 넘겨 주었다.

셔먼 장군은 남북전쟁 시 그랜트 장군의 부하이었는데 나무 세계에서는 제너럴 셔먼 나무가 더 큰 것이 현실이다.

그래도 제너럴 그랜트 나무는 1926년 주민들의 건의를 받아 쿨리지 대통령이 "미국의 공식 크리스마스 트리"로 지정했다.

그 이후 해마다 이 나무 주위에서 크리스마스 축제가 열린다고 한다.

킹스 캐니언 국립공원에서 제너럴 그랜트 나무와 주위를 산책하고 나서 쓰러져 속이 비어있는 거대한 세콰이어 나무 속으로 들어갔다가 나오기도 했다.

• 세콰이어 국립공원의 숲

• 제너럴 셔먼 나무 앞 소녀들

세콰이어 국립공원으로 이동하여 방문자안내소 야외 탁자에서 햄버거세트로 점심을 들었다. 울창한 숲 속에서 피톤치드 삼림욕을 하며 드는 점심은 최고의 식사 자리이었다.
식사를 마친 후 세계에서 제일 큰 나무를 보러 갔다.
제너럴 셔먼 나무는 지름이 11m, 둘레가 31m, 높이가 84m이고 무게가 1,385톤이며 나이가 2,200살이라고 안내판에 적혀 있었다.
위풍당당한 제너럴 셔먼 나무와 주위에 하늘을 찌를 듯이 늘어선 세콰이어 군락을 보니 앞에서 구경하는 사람들이 한없이 작아 보여 소인국에 들어와 있는 것 같은 느낌이 들었다.

· 세계에서 제일 큰 제너럴 셔먼 나무

• 리들리 마을의 버지스 호텔

두 국립공원을 둘러보고 프레즈노로 오는 중간에
리들리Reedley라는 소도시의 버지스 호텔Hotel Burgess을 찾아갔다.
일제 강점기에 이승만 박사와 도산 안창호 선생이 초기 한인
이민사회의 중심이었던 이 지역을 방문하여 주요 인사들과
독립운동을 논의하며 머물렀던 호텔이라고 한다.
호텔 입구 왼쪽 벽면에는 두 애국지사가 이 호텔에 머물렀음을
기념하는 글귀와 함께 이승만, 안창호 선생의 사진이 들어간
동판이 붙여져 있었다.
동판 앞에 서서 두 애국지사와 독립운동 자금 모금에 동참한
교포들의 나라 사랑과 헌신을 생각하니 저절로 고개가 숙여졌다.

• 버지스 호텔의 두 애국지사(이승만과 안창호)동판

리들리를 떠나 시골길을 달리다가 들린 주유소에서 해프닝이 있었다. 차 주유를 위하여 직불카드를 삽입하였는데 영수증이 나오는 구멍에 잘못 넣은 것이었다. 카드를 빼낼 수가 없어 카운터에 있는 여직원에게 도움을 요청하였더니 펜찌를 들고 왔다. 펜찌로 카드를 꺼내다가 깨뜨리거나 훼손하지 않을까 우리들은 가슴이 조마조마했다. 카드가 훼손되어 사용할 수 없으면 앞으로 경비 지불에 문제가 있기 때문에 잠시 초조하고 불안한 시간을 보냈다.
여직원이 이곳저곳을 살펴보다 돌아간 후 남자 직원이 와서 주유기 뒷문을 열어 카드를 꺼내주었다. 팀원들 모두 숨을 내쉬며 가슴을 쓸어내렸다.

프레즈노로 돌아와 저녁 식사는 중식당에서 배부르게 들었다. 이틀간 힘든 여행을 하였기에 영양 보충도 할 겸 구운 오리베이징덕, 새우 야채면, 딤섬 등을 주문하였는데 배들이 불러 일부 음식을 남기고 자리에서 일어났다.

★ ★ ★ ★ ★ ★

DAY 05 DEATH VALLEY NATIONAL PARK

데스 밸리 국립공원을 거쳐 라스베이거스로

라스베이거스까지 약 400마일(640km)을 가야 되는 날이라서 오전 5시에 출발했다. 어제 저녁을 많이 들어 아침 식사는 가다가 먹기로 했다.

2시간쯤 달리니 길옆에 오렌지 과수원이 있어 차를 길가에 주차하고 나무 밑에서 라면을 끓이기 시작했다.
조금 있으니 한 미국인이 지나가다가 차를 세우고 다가왔다.
울타리는 없었으나 주인 허락도 없이 남의 과수원에 들어왔기에 약간 긴장이 되었다. 아침을 요리하는 중이라고 하니 다가와서 보고서 나중에 주변을 깨끗하게 치우고 가라고 이른 후 웃으며 돌아갔다. 오렌지 나무 아래에서 아침 신선한 공기를 마시며 드는 라면은 일품이었다.

아침을 들고 가던 길을 계속 가니 경치가 농장과 푸른 산에서 황량한 벌판과 사막으로 바뀌었다. 주유소에서 차에 기름을 가득 넣고 데스밸리 북서쪽으로 진입했다.
데스밸리 국립공원Death Valley National Park은 1849년 캘리포니아로 향하던 개척민들이 발견했다. 그 후 금광을 찾던 사람들이 혹독한 더위에 죽음을 당했다고 하여 "죽음의 골짜기"라는 지명이 붙여졌다고 한다.
이곳은 미국 본토에서 가장 큰 국립공원13,650km²이며 가장 덥고 가장 낮은 지역에 위치하고 있다. 1913년 7월 10일에 미국 역사상 가장 높은 온도인 섭씨 56.7도화씨 134도를 기록했다고 한다.
공원 내 스토브파이프 웰스 상점Stovepipe Wells Store에서 커피와 아이스크림을 들 때도 야외 온도계는 섭씨 47도화씨 117도를 가리키고 있었다.

미국 내에서 가장 낮은 배드워터 베이슨Badwater Basin은 해수면 보다 85.5m나 아래이었다.
오래 전에 바다이었으나 주변의 땅이 융기한 후 호수의 물이 증발하여 소금 평원으로 바뀌었다고 한다.
배드워터 베이슨 팻말 뒤로 난 하얀 소금 길을 걸어 들어갔으나 한

• 데스밸리 국립공원 내 상점의 티셔츠(최고온도 섭씨 56.7도 표기)

낮의 뜨거운 열기로 오래 걷지 못하고 되돌아 나와야만 했다.

이 계곡에서는 내비게이션이 되지 않아 라스베이거스로 가는 길에 대해 팀원들 간에 의견이 일치하지 않았다.
온 길로 되돌아 가야 한다는 일부 팀원의 의견과 달리 앞으로 난 길을 택하여 차를 몰았다. 한참을 달려 라스베이거스 숙소 한인텔토리하우스에 무사히 도착했다.
그러나 나중에 보니 온 길로 되돌아가지 않아 데스밸리의 또 다른 명소인 단테스 뷰, 자브리스키 포인트 등을 보지 못한 것이 큰 아쉬움으로 남았다.

저녁을 간단히 들고 다른 팀원들은 카지노에 갔으나 오른쪽 눈이 충혈되는 등 피곤이 몰려와 일찍 잠자리에 들었다.

▪ 데스밸리 국립공원의 소금 평원

DAY 06 LAS VEGAS

고향 친구와 라스베이거스에서의 하루

아침 식사는 토리하우스 안 주인이신 신 사장께서 카레 덮밥을 해 주셔서 주인아저씨와 이야기를 나누며 즐겁게 들었다.
10시가 조금 넘어 로스앤젤레스로 이민 와서 살고 있는 고향 동창 박내연이 이곳까지 차를 몰고 찾아왔다. 고향에서 전에 두 번 만나서 영릉, 신륵사 등을 같이 가거나 식사를 함께 한 적이 있었는데 미국에서 다시 만나니 무척 반가웠다. 고향 친구는 만나자마자 라스베이거스에서는 자기가 모시겠다고 했다.
팀원들을 태우고 시내에서 30분 거리에 있는 레드록 캐니언 국립보전지구Red Rock Canyon National Conservation Area로 갔다.

• 라스베이거스 레드록 캐니언에서 L.A. 친구 박내연과 필자

모하비사막의 붉은 보석이란 이름으로 알려진 이곳은 말 그대로 붉은 바위가 산과 협곡을 만들어 놓은 지역으로 캐니언 내 도로를 한 바퀴 돌며 멋진 경치를 감상했다.
내연 친구는 점심을 들자며 전에 몇 번 왔었다는 아리아호텔 부페식당으로 안내했다. 미국에 와서 처음으로 포크와 나이프를 사용하며 격식있고 우아한 식사를 하였는데 모두 접시 2개 내지 3개씩을 비우며 이야기꽃을 피웠다.
식사 후 1시간 거리에 있는 밸리 오브 화이어 주립공원Valley Of Fire State Park으로 향했다. 공원 주위의 바위들이 햇빛을 받으면 마치 불에 타는 것처럼 보인다 하여 "불의 계곡"이란 이름을 붙였다고 한다.
여러 형태의 붉은 바위와 산봉우리를 감상하며 미드호Lake Mead

쪽으로 돌아 라스베이거스로 돌아왔다. 숙소인 토리하우스 뒷마당에서 주인 내외분의 도움으로 내연 친구가 가져온 L.A 갈비, 스테이크용 쇠고기를 구워 야외 만찬을 준비했다.
어두워질 때까지 주인 내외 분, 팀원들과 화기애애한 소주 파티를 했다. 술을 들지 않는 내연 친구도 라스베이거스에서 고향 친구, 후배들과 자리를 함께 해서인지 흐뭇한 표정이 역력했다.
저녁 9시경 벨라지오호텔 앞 분수쑈를 감상하고 나서 팀원들은 카지노로 들어갔고 내연 친구와는 커피를 들며 초, 중교 학창 시절 기억에 남아있는 이야기를 하나 둘 꺼내 나누는 오붓한 시간을 가졌다.

• 라스베이거스의 야경

토리하우스 주인 내외분이 정겹게 대해 주셔서 아주 고마웠다. 장 사장이 가져온 굵은 소금, 까나리 액젓, 황태채, 당면 등 앞으로 시간적 여유가 없어 사용하기 어려운 식재료를 신 사장께 드렸다. 신 사장도 여행하며 들으라고 수박, 김치, 절인 깻잎, 오징어젓 등을 주셨다. 이 지면을 통해 토리하우스 주인 내외분께 한 번 더 감사의 말씀을 드린다.

DAY 07 GRAND CANYON

불가사의한 자연 경관, 그랜드 캐니언 국립공원

그랜드 캐니언을 거쳐 페이지Page까지 약 660km를 가야 되는 날이라서 아침 6시경에 출발했다.
내연 친구도 L.A로 돌아가야 되어 작별 인사를 하며 보니 왼쪽 눈이 충혈되어 있었다. 어제 새벽부터 하루 종일 운전하며 안내하느라 쌓인 피로가 눈으로 분출한 것 같아 가슴이 찡했다. 그의 과분한 접대에 거듭 감사하며 내년에 한국에서 만나자고 약속했다. 그러나 전 세계적인 코로나 확산 사태로 아직도 그 약속이 이행되지 못하고 있다. 하루라도 빨리 코로나가 진정되어 해외여행이 재개되길 바랄 뿐이다.

· 후버댐 앞에서 팀원들과

라스베이거스를 벗어나 조금 더 달리니 후버댐Hoover Dam이 나타났다.
이 댐은 1929년 시작된 대공황 극복을 위한 뉴딜 정책New Deal Policy의 일환으로 조성되었다. 후버댐은 높이 221m, 길이 411m, 저수량 320억 톤으로 1936년 완공되어 미국 서부지역의 관개, 식수와 공업용수 등을 공급하고 있다. 후버댐 전망대에서 거대한 댐과 검푸른 미드호수를 구경하고 길을 재촉했다.

그러나 너무 서두르다 보니 길을 잘못 들어 1시간여를 헤맨 후 그랜드 캐니언으로 가는 고속도로(I-40)로 진입할 수 있는 소도시 킹맨Kingman에 도착했다. 이곳 도로변 식당에서 아침 식사로 가성비가 좋은 스페셜(계란 후라이, 토스트, 감자, 커피 등)을 들었는데 식당

안팎이 미국 66번 국도Route 66 소품으로 치장되어 있었다.

66번 국도는 시카고에서 로스앤젤레스를 잇는 3,940 km의 미국 최초 대륙 횡단 고속도로로 킹맨도 이 국도 상의 도시였다.
이 국도는 1926년에 완공되어 서부 발전의 중요한 역할을 했다.
미국인들이 "마더 로드Mother Road"라고 부를 정도로 정서적으로 애착을 갖는 도로로 2003년에 전 구간이 복원되었다.
평상 시 오토바이모터사이클를 즐겨 타는 홍 국장은 "66번 국도는 미국 모터사이클 마니아들이 일생에 한 번 달려보는 것이 꿈인 도로"라고 설명해 주었다.
킹맨에 우연히 들린 것을 좋아한 홍국장은 식당 내외의 66번 국도 관련 소품이나 표지를 카메라에 담느라 바빴다.

고속도로에 진입하여 달리다 플래그스태프Flagstaff에서 북쪽으로 올라가니 그랜드 캐니언Grand Canyon 사우스 림South Rim에 도착했다.
그랜드 캐니언은 20억년간 지구의 지각 활동과 콜로라도강에 의한 침식으로 형성된 세계 최대의 협곡이다. 길이 450km, 폭 6~30km, 깊이 1.6km로 폭이 넓고 깊은 협곡은 불가사의한 경관을 보여주고 있다.
깎아지른 듯한 절벽, 다채로운 빛깔의 단층, 높이 솟은 바위와 각양각색의 기암 괴석, 콜로라도강 등이 연출한 절경 앞에 서니 대자연의 웅대한 스케일과 아름다움에 감탄사가 절로 나오며 한동안 발을 떼지 못했다.

· 66번 국도 표지를
단 경찰 순찰차

· 아침식사를 했던
66번 국도변 식당 Mr.D'z

1966년 간행된 고등학교 2학년 교과서에 사학자 천관우 님이 쓴 "그랜드 캐니언" 기행문이 생각 나서 일부분을 인용해 본다.

> 눈앞에 전개되는 아아 황홀한 광경!
> 어떤 수식이 아니라 가슴이 울렁거리는 것을 어찌할 수 없습니다.

· 그랜드 캐니언(사우스 림) 대협곡

• 그랜드 캐니언(사우스 림) 대협곡

이 광경을 무엇이라 설명해야 옳을는지, 발 밑에는 천 인의 절벽, 확 터진 안계에는 황색, 갈색, 회색, 청색, 주색으로 아롱진 기기괴괴한 봉우리들이 흘립하고 있고, 고개를 들면 유유창천이 묵직하게 드리우고 있는 것입니다.

1952년에 27세의 나이로 미국 유학을 가서 그랜드 캐니언을 보고 감격하여 쓴 위 명문은 지금도 70세 전후의 어르신들 뇌리에 남아 있다.
그랜드 캐니언은 2002년 영국 BBC에서 설문조사한 후 선정한 "죽기 전에 꼭 가봐야 할 50곳" 중에서 1위에 오르기도 했다.

• 그랜드 캐니언의 데저트 뷰 워치 타워

4곳의 전망대에서 경치를 감상하고 사진을 찍은 후 애리조나주 페이지Page로 가는 길에 호스슈 밴드Horseshoe Bend에 들렸다.
주차장에서 모래밭 길을 20여분 걸으니 깎아지른 절벽 건너편에 지형이 말발굽을 닮아서 "호스슈 밴드"란 이름이 붙은 바위가 눈에 들어왔다. 절벽 깊이가 300m나 되는 아래에는 콜로라도강이 장대한 호스슈 밴드를 휘감아 흐르고 있었다.
무려 600만년 동안 콜로라도강의 침식작용에 의해 만들어졌다고 하는데 대자연의 위대함을 절실하게 느끼게 하는 풍경이었다.
석양 빛을 받아 붉게 물든 하늘과 호스슈 밴드 주변의 아름다움은 어두워질 때까지 그 자리를 떠나지 못하게 했다.

호스슈 밴드

DAY 08 **ANTELOPE CANYON**

사진 예술의 성지, 안텔로프 캐니언

5개월 보름 전에 예약한 안텔로프 캐니언Antelope Canyon에 11시에 입장하기 위해 30분 전에 현장에 도착했다.
안텔로프 캐니언은 붉은색의 사암 층에 수만 년 동안 물이 흘러 깎이고 물결 모양이 새겨진 협곡이다. 이 캐니언은 어퍼Upper와 로어Lower지역으로 구분된다.
지하에 형성된 로어 안텔로프 캐니언에 1997년 여름 돌발 홍수가 발생하여 11명의 관광객이 익사한 후 현지 안내인이 동행하는 관람만 허용하고 있다. 안내인을 따라 급경사인 계단을 내려갔다.
협곡 양쪽으로 부드럽게 침식된 붉은 사암층이 천장의 좁은

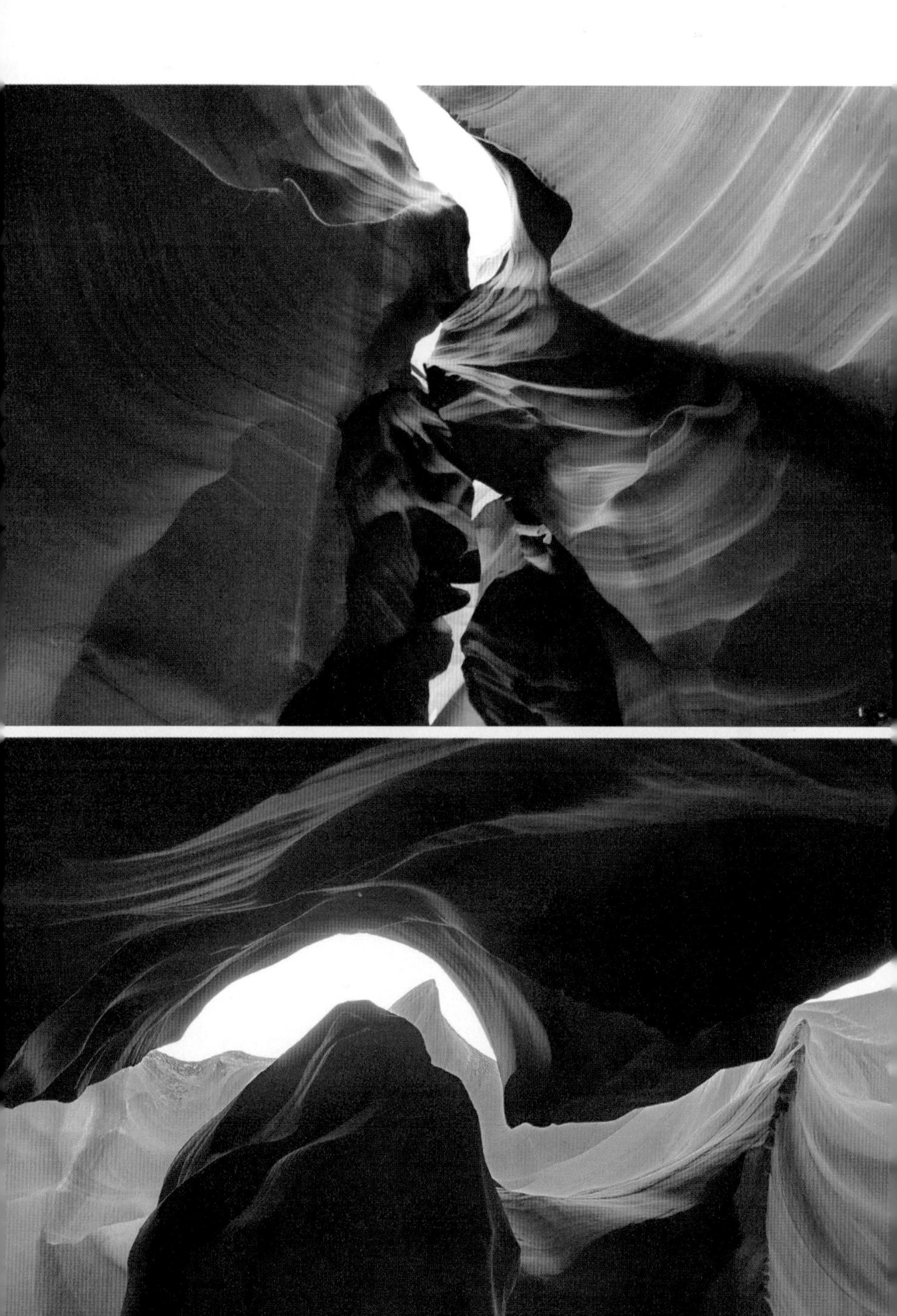

틈새로 들어오는 햇빛을 받아 아름다운 예술작품을 만들어 내고 있었다.
특히 하루 중 태양의 위치에 따라 시시각각 변화하는 독특한 빛의 마술에 반한 전 세계 사진작가들이 찾고 싶은 사진 예술의 성지로 꼽힌다고 한다.
지하에서 아름다운 경치를 사진에 담느라 시간 가는 줄 모르게 한 시간여를 보냈다. 관람을 마치고 부페식 중식당 장성Great Wall에서

점심을 든든하게 들었다.

오늘 숙박지 캐나브Kanab로 가기 전에 시간적 여유가 있어 파월 호수Lake Powell에서 유람선을 탔다.
파월 호수는 1963년 콜로라도강 상류에 건설된 글렌 캐니언 댐에 의해 만들어졌다. 호수 주변이 글렌 캐니언 국립휴양지Glen Canyon National Recreation Area로 지정되어 있다.

아름다운 자연 경관과 여러 수상 레저스포츠 시설이 갖춰져 있어 여름철 휴가 시즌에는 많은 사람들이 찾는 곳이었다.
유람선 승선을 위해 대기하며 휴게실에 앉아있는 동안 김사장이 지루함을 덜어주는 해프닝을 연출했다.
조금 떨어진 앞자리에는 흑인 여성 두명과 13세 전후 소녀 두명이 앉아 있었다. 김 사장이 날아다니는 파리를 오른손을 들어 잡는 동작을 몇 번 한 후 잡은 파리를 왼손으로 입에 넣어 씹어 먹는 시늉을 했다. 흥미롭게 쳐다보던 소녀 두명은 정말로 파리를 먹는 줄 알고 기겁을 하며 깜짝 놀랐고 팀원들은 얼굴에 웃음꽃을 피웠다.

• 파월 호수 선착장

유람선은 글렌 캐니언 댐 근처를 돌아 우뚝 솟은 붉은색, 회색의 바위 사이 협곡을 지나 선착장으로 돌아왔는데 배 위에 앉아서 신선한 공기를 마시며 드넓은 호수와 협곡 양쪽의 멋진 경치를 감상하는 즐거운 시간을 보냈다.

한 시간 반의 유람선 투어를 마치고 3박 하기로 예약되어 있는 캐나브로 향했다.

• 안텔로프 캐니언

★ ★ ★ ★ ★ ★ ★
DAY 09 BRYCE CANYON

그랜드 캐니언(노스 림)과 브라이스 캐니언 국립공원

아침을 숙소에서 주는 토스트, 팬 케이크, 사과, 쥬스, 우유, 커피 등으로 간단히 들고 더 웨이브The Wave 입장을 위한 추첨 장소인 국토관리청The Bureau of Land Management 방문자센터로 갔다.
더 웨이브의 정식 명칭은 코요테 뷰트 노스Coyote Buttes North로 유타주와 아리조나주의 접경 지역에 있는 버밀리언 클리프 내셔널 모뉴먼트Vermillion Cliffs National Monument 내에 있다. 이 지역 바위 위에 파도치듯 물결 무늬가 연속적으로 새겨져 있어 '더 웨이브'라고 부른다.
국토관리청은 허가증이 있는 사람에게만 더 웨이브의 관광을

• 그랜드 캐니언 국립공원(노스 림) 도로 위 버펄로

허가하고 있는데 이곳이 부서지기 쉬운 사암으로 형성되어 있어 자연의 훼손을 최대한 막기 위해서이다.
허가증은 추첨을 통해 하루에 20장만 발행하는데 네 달 전에 온라인 추첨으로 10명을 선정하고 현장 추첨으로 나머지 10명을 결정한다. 현장 추첨에 참가하여 신청서를 제출하였으나 9시에 실시한 추첨에서 탈락했다.
한 여름 더위 때문인지 15개 팀이 신청하였는데 3개 팀의 10명이 당첨되어 다음 날 더 웨이브에 갈 수 있는 행운을 잡았다.

방문자센터를 나와 오늘의 첫 방문지 그랜드 캐니언 노스 림North Rim으로 향했다. 이곳은 그랜드 캐니언 사우스 림South Rim보다 약 300m 높아 2,500m에 달한다.
눈이 쌓이는 10월 중순부터 다음 해 5월 중순까지는 공원이 폐쇄된다. 2017년 4월 중순에 이곳 입구까지 왔다가 "Closed폐쇄" 팻말만 보고 돌아간 적이 있었다.
입구를 지나 조금 더 들어가니 침엽수림으로 둘러싸인 초원에 버펄로바이슨, 아메리칸들소 무리가 보였다. 왕복 차선에 오가던 차들이 모두 정차하여 사진을 찍느라 바빴는데 우리도 이 대열에 동참하여 셔터를 눌러 댔다. 버팔로 무리가 도로를 횡단할 때는 무리 전체가 건널 때까지 차들이 정지하여 도로가 일시적으로 정체되었다.
그랜드 캐니언 노스 림은 사우스 림보다 접근성이 떨어져 그랜드 캐니언 방문객의 10% 정도만 이곳을 찾아오지만 사우스 림보다 더 웅장하고 광활했다. 수백만 년 동안 바람과 물에 의해 깎이고 파여나가 형성된 이곳의 절벽과 언덕을 바라보고 있으면 누구나 대자연의 위대함에 놀라지 않을 수 없을 것이었다.

방문자센터에서 피자와 샌드위치로 점심을 들고 다음 방문지인 브라이스 캐니언 국립공원Bryce Canyon National Park으로 차를 몰았다. 브라이스 캐니언은 후드Hoodoo라고 부르는 가늘고 긴 촛대 모양의 바위 기둥이 수만 개 모여 있는 독특한 풍경으로 유명하다. 이 후드는 해저에 토사가 쌓여 암반을 이루었다가 융기한 후에

• 그랜드 캐니언 국립공원 대협곡(노스 림)

• 브라이스 캐니언 국립공원(썬라이즈 포인트)

빗물에 의한 자연 침식과 함께 물의 얼고 녹는 과정을 반복하면서 비교적 단단한 암석만 남아 만들어졌다고 한다.
선라이즈 포인트Sunrise Point, 선셋 포인트Sunset Point, 브라이스 포인트Bryce Point 등에서 셀 수 없이 많은 후드들을 내려다 보면서 별천지에와 있다는 생각이 들었다.
오렌지색, 흰색, 노란색의 크고 작은 후드들이 춤을 추거나 한 곳에 모여 합창을 하고 있는 것 같았다.
브라이스 캐니언을 제대로 감상하려면 전망대 아래 나바호 트레일Navajo Trail이나 퀸스가든 트레일Queens Garden Trail로 걸어 내려갔다가 와야 한다고 한다. 그러나 일정을 짧게 잡아 트레일 체험은 다음 기회로 미루어야 했다.

• 브라이스 캐니언 국립공원(브라이스 포인트)

DAY 10 ZION NATIONAL PARK

거대한 절벽과 버진강, 자이언 국립공원

일찍 일어나 있던 김사장에게 이야기하고 더 웨이브 입장을 위한 두 번째 추첨에 참가하기 위해 국토관리청 방문자센터를 혼자 찾아갔다. 열 번 이상 신청하여도 당첨되지 못한 사람들이 있다고 하지만 주어진 기회에 최선을 다하고자 8시 30분에 어제에 이어 재신청을 했다.

18개 팀이 참가하였는데 첫 번째와 두 번째 추첨에서 각각 두명씩이 당첨되었다. 세 번째 추첨에서 은행알이 담긴 추첨기를 돌리는 직원이 떨어진 은행 알을 들어 확인하며 "Four(4)"라고 번호를 불렀다.

필자가 가지고 있는 번호란 것을 확인하고 "와, 아!" 하고 탄성을 지르며 손을 들었다. 그렇게도 한번 가보기를 열망했던 "더 웨이브"에 당첨되는 순간, 머리 위에서 발 끝까지 전류가 흐르는 것 같았다. 도전 두 번 만에 당첨되었으니 그 기쁨이 이루 말할 수 없었다.
더 웨이브를 처음 알게 된 것은 1998년 외환카드 탁상달력의 5월 월력 사진에서 보았을 때 "아니, 이 지구상에 이런 곳이 있다니 믿어지지 않네. 꼭 한번 가 봐야지!" 하며 21년 전에 품었던 소망이 이루어지는 순간은 앞으로도 오래 기억될 것이었다.
네 번째 추첨에서 5명으로 구성된 팀참고; 한 팀이 6명까지 신청 가능 이 당첨되었다. 그러나 세 번째까지 8명이 당첨되어 2명만 당첨 인원에 합류할 수가 있어 네 번째 당첨 팀은 스스로 포기했다. 다시 추첨하여 2명인 팀이 당첨되어 10명4팀 이 채워져 당일 추첨이 완료되었다.
방문자센터에서 30여 분간 당첨자에 대한 교육이 있었다. 주차장에서 더 웨이브까지 왕복 10km인데 가이드와 안내 표지판이 없어 나누어 주는 지도의 지형지물을 보고 찾아가야 된다고 했다. 사막으로 한낮 기온이 40도 전후이니 물과 음식을 충분히 가져가라는 것이 교육의 핵심 내용이었다.
더 웨이브 출입허가증을 받아 가지고 숙소에 돌아왔을 때, 팀원들도 일정에 없던 행운의 장소에 가게 된 것에 환호했다. 하루에 20명만 볼 수 있다는 비경을 내일 보러갈 수 있게 되어 모두 유쾌한 기분으로 오늘의 방문지 자이언 국립공원Zion National

Park으로 향했다.

자이언 국립공원은 그랜드 캐니언과 형성 과정이 비슷했다. 바다이었던 지역이 솟아오르면서 거대한 고원을 이루었고 400만 년간 버진강에 의해 퇴적암을 침식시키며 만들어진 것이었다. 공원 동쪽 입구로 들어서니 전면에 가로 세로로 깊은 홈이 패여 만들어진 독특한 무늬의 체커 보드 메사Checkerboard Mesa란 바위산이 눈에 들어왔다. 가로 줄무늬는 침식 작용에 의해, 세로

자이언 국립공원의 체커보드 메사

줄무늬는 쌓였던 눈이 녹으며 물줄기가 흘러내려 각각 만들어진 것으로 추정된다고 한다.

아름다운 체커보드 메사를 뒤로하고 장엄하고 거대한 붉은 암석들 사이로 난 길을 따라가니 긴 터널이 나타났다. 이 터널은 미국 대공황기에 뉴딜정책의 일환으로 시행된 토목공사 중 하나로 바위산을 남북으로 관통하여 1.1마일을 뚫고 1930년에 완공했다고 한다.

터널을 지나 급경사 길을 내려오니 좁은 협곡 내부로는 차량 통행이 금지되어 방문자센터 주차장으로 갔다. 차를 주차하고 5분마다 운행하는 무료 셔틀버스를 타야 협곡 안으로 들어갈 수 있다고 했다. 겨울에는 개인 차량 출입 가능 주차장이 만차여서 30여 분을 빙빙 돌다가 간신히 빈 자리 하나를 얻어 주차할 수 있었다. 점심으로 이탈리아식 만두, 핫도그, 콜라 등으로 간단히 든 후 셔틀버스를 타고 종점 9번, 시나와바 에서 내렸다.

• 자이언 국립공원의 거대하고 깎아지른 바위 아래를 가고 있는 차량 행렬

나흘 전 라스베이거스에서 만난 고향 친구 박내연이 추천한 "네로우스 트레일The NarrowsTrail"을 가보기로 했다. 양쪽으로 300여 미터의 절벽이 솟아 있고 그 좁은 협곡을 따라 강물 속을 걷는 수중 하이킹을 한다고 했다.

종점에서 내려 20여분을 걸으니 네로우스 트레일 입구가 나왔는데 많은 사람들이 지팡이를 들고 물속에서 걸어 나오고 있었다. 물길을 따라 두 시간 정도 걸어 들어가야 멋진 풍경을 볼 수 있다고 했다. 그러나 내일 더 웨이브에 가서 10km를 걸어야 되기 때문에 네로우스 트레일 왕복은 포기했다.

그 대신 물가에 앉아 흐르는 물에 발을 담궈 피로를 풀었다. 가장 젊고 활기찬 김 사장은 강 물 깊은 곳으로 들어가 수영을 했다.

붉은색, 회색, 고등색 등의 높고 가파른 절벽, 그 사이를 흐르는 버진강, 강가의 녹색 나무 숲 등을 바라보며 물가에 앉아 족욕을 하고 있자니 무릉도원에 들어와 있는 것 같았다.

숙소로 돌아오는 길에 자이언 국립공원 동쪽 입구 가까이에 있는 바위 위 소나무에 잠깐 들르기로 했다. 이 소나무는 2017년 미국 중부 지역을 혼자 여행하며 이곳을 지나다가 눈에 확 띄어 차를 주차하고 올라가 본 나무이다. 침식으로 멋지게 깎인 바위 틈에 뿌리를 내리고 크게 자란 모습에서 강인함과 신비감을 느끼게 하여서였다.
2년 전 귀국한 후 사진을 현상하여 예전 사진들과 비교하며 보는 중에 1990년 여름 방학 때 부인, 아들과 함께 자이언 국립공원을

• 버진강 "네로우스 트레일"을 걷는 하이커들

29년 전 우연히 본 바위 위 소나무 앞에 선 필자와 아들(왼쪽 위)
2년 전 우연히 본 바위 위 소나무(왼쪽 아래)
자이언 국립공원 바위 위 소나무 앞 필자(오른쪽)

지나면서도 이 소나무 앞에서 찍은 사진을 발견했다. 29년 전과 2년 전에 이곳을 지나다가 우연히 아름다운 자태에 이끌려 올라와 본 것인데 오늘이 세 번째 상면이니 감회가 남달랐다.

★ ★ ★ ★ ★ ★

DAY 11 THE WAVE

신이 빚은 명품, 더 웨이브, 그리고 모뉴먼트 밸리

드디어 더 웨이브The Wave에 가는 날!
어제 구입한 물, 초코렛 바, 오이 등을 배낭에 챙겨 가지고 5시 30분 경에 숙소에서 출발했다. 더 웨이브를 오전에 들르고 모뉴먼트 밸리Monument Valley를 거쳐 아치스 국립공원이 있는 모압Moab까지 가야 하는 빡빡한 일정이었다.
특히 어제 국토관리청 방문자센터 직원이 더 웨이브의 7월 오후는 더위가 상상을 초월한다며 안전에 유의하라고 몇 번이나 강조하였기에 더욱 일찍 서둘렀다.

한 시간여를 달려 주차장에 차를 세우고 왕복 10km의 사막 모래길을 조금 걸어 들어가자 말라 있는 하천이 나타났다. 하천 옆으로 길이 나 있는 것 같아 하천을 따라 왼쪽으로 올라갔다. 그러나 한참을 가니 길 흔적이 없어져 길을 잘못 찾아들은 것을 알게 되었다. 온 길을 되돌아 갈까 생각하며 주위를 둘러보니 저 멀리 우측 산 중턱으로 두 명이 걸어가는 모습이 보였다. 운이 좋게 우측 산 중턱으로 올라가 지도를 펼쳐 보니 주위의 지형지물과 일치하여 현 위치를 파악할 수 있었다.

후에 더 웨이브에서 돌아나오며 살펴보니 말라 있는 하천을 왼쪽으로 돌아 올라가지 말고 곧바로 건너 작은 산 언덕으로 올라갔어야 했다는 것을 알게 되었다.

울퉁불퉁한 바윗길과 발이 푹푹 빠지는 모랫길을 지나 가파른

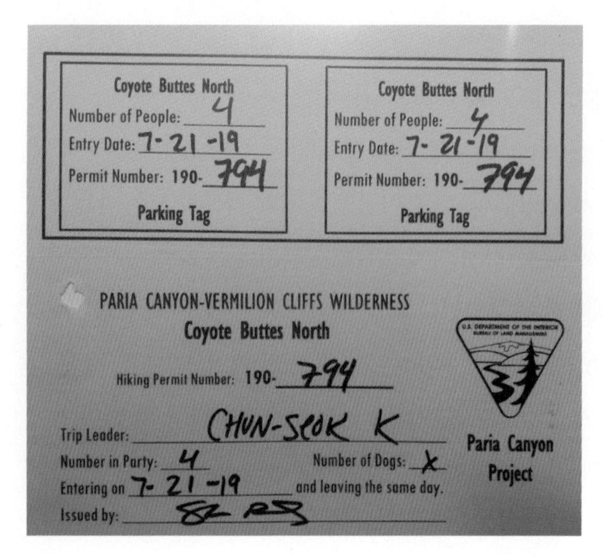
Coyote Buttes North
Number of People: 4
Entry Date: 7-21-19
Permit Number: 190-794
Parking Tag

Coyote Buttes North
Number of People: 4
Entry Date: 7-21-19
Permit Number: 190-794
Parking Tag

PARIA CANYON-VERMILION CLIFFS WILDERNESS
Coyote Buttes North
Hiking Permit Number: 190-794
Trip Leader: CHUN-SEOK K
Number in Party: 4
Number of Dogs: X
Entering on 7-21-19 and leaving the same day.
Issued by:

· 더 웨이브 출입 허가증

• 더 웨이브 중심 부분의 모습

언덕을 올라가니 더 웨이브의 모습이 눈에 들어왔다.

드디어 도착한 그 유명한 더 웨이브!
바위가 연속적인 물결 무늬로 새겨져 있는 모습 때문에 "더 웨이브"란 별명을 얻은 이곳은 신이 빚은 불후의 걸작이라 하겠다.
"여기를 오는 모든 사람들은 이곳을 찍은 사진 한 장을 보고 이 장소를 알게 되고 현실 세계 같지않은 경치를 직접 눈으로 확인하고자 이곳을 찾아 오겠지"라고 생각했다.
더 웨이브가 한눈에 내려다보이는 위쪽으로 올라가 앉아 휴식을 취하며 신비로운 경치를 계속 눈에 담았다. 21년 전에 달력

사진에서 보았던 별천지 장면이 지금 눈앞에 펼쳐져 있는 꿈 같은 시간을 보냈다.

이곳은 1억 년 전에 아주 얕은 바다였는데 모래와 침전물이 파도에 휩쓸리면서 독특한 모양으로 퇴적되었다고 한다. 이후 지각이 솟아올라 육지가 되었는데 오랜 세월 풍화작용과 빗물에 의한

• 더 웨이브

침식이 거듭되었고 특정
지역에서 모래가 섞인 거센
회오리가 일면서 움푹 패인
침식 지형이 생겨난 것이라고
한다.
안텔로프 캐니언과 함께
이곳은 풍경 사진 작가들의
꼭 가보고 싶은 버킷리스트에
들어가는 장소이나 추첨에
당첨되어야만 갈 수 있는
행운이 따라 주어야 하는
곳이다.
주위의 경치도 환상적이라
이곳저곳의 아름다움을 사진에 담았다.
돌아 나오는 길에도 물결무늬의 붉거나 회색인 산봉우리, 모래에서
자라는 야생식물의 꽃, 붉은 모래 위 메마른 나뭇가지 등 멋진
장면을 사진에 추가했다.

더 웨이브를 떠나 3일 전에 머물렀던 페이지Page에서 점심을

더 웨이브

• 더 웨이브의 비경

바비큐BBQ로 든든하게 들고 오늘의 두 번째 방문지 모뉴먼트 밸리로 내달렸다. 모뉴먼트 밸리Monument Valley는 5,000만 년 전 단단한 사암으로 이루어진 하나의 고원이었다고 한다. 그러나 시간이 흐르면서 고원의 표면이 바람과 물에 의한 침식작용으로 약한 암석은 모두 깎여 나가고 단단한 산과 탁상 대지만 남았다고 한다.

황량한 사막에 최고 300m 높이로 솟아오른 붉은색의 거대하고 장엄한 바위와 기둥들, 그 기이한 아름다움에 많은 서부영화가

이 근처에서 촬영되었다. 미국의 존 포드John Ford 감독이 서부극 전문 배우 존 웨인John Wayne과 호흡을 맞춘 영화 "역마차Stagecoach, 1939", "수색자The Searchers, 1956" 등을 촬영하여 이곳은 "미국 서부의 상징물" 중의 하나가 되었다. 또한 톰 행크스Tom Hanks가 주연한 "포레스트 검프Forrest Gump, 1994"에서도 주인공과 추종자들이 함께 달리는 인상적인 장면이 이곳에서 촬영되었다.

모뉴먼트 밸리는 인디언의 자치구역인 나바호 영지Navajo Nation 안에 있다. 미국 정부가 관할하는 국립공원이 아니라서 국립공원 연간입장권이 통하지 않아 입장료를 별도로 내야 했다. 입장료 $20을 내고 공원 방문자센터에서 커피를 한 잔씩 들며 계곡을 바라보았다.

• 더 웨이브 나오는 길의 바위

· 모뉴먼트 밸리(원경)

탁트인 전망에 저 멀리 지평선이 보이고 앞쪽으로 커다란 기둥 3개가 우뚝 솟아 있었다. 이 기둥은 계곡에서 가장 유명한 이스트East, 웨스트 미튼 뷰트West Mitten Buttes, 벙어리 장갑을 닮아서 붙여진 이름 등으로 기묘하고 신비스러웠다.
3개의 기둥 앞쪽으로 계곡 중심부를 관통하는 27km의 비포장도로 밸리 드라이브Valley Drive가 있으나 오늘 모압Moab까지 가야 되기 때문에 가보지 못하고 돌아서야 했다.

모뉴먼트 밸리를 떠나 30분 정도를 북쪽으로 달리니 멕시칸 햇Mexican Hat이란 마을이 나왔다. 이 마을을 지나 조금 가니 사람의 형태를 한 바위가 큰 모자 챙처럼 생긴 넓은 돌을 이고 있었다. 이 바위가 꼭 모자를 쓴 멕시코 사람의 형상이라 “멕시칸 햇”이라 불리어지고 마을 이름도 이를 따랐다고 한다. 멕시코인의 모자 형태로 바위가 침식된 것도 흥미롭고 떨어지지 않고 붙어있는 모습도 신기했다.

모압Moab 숙소 호스텔에 도착하니 오후 8시 30분경이었다. 저녁 식사 시간이 지나서 가지고 있는 반찬으로 간단히 저녁을 들자고 했다. 그러나 식사 담당 장 사장은 점심에 바비큐BBQ를 들어서 인지 된장찌개를 끓여야 한다고 식료품점에서 양파, 호박 등을 구입해 왔다. 찌개를 끓여 10시 20분경에 저녁을 들고 나니 오늘 종일 운전을 하여서인지 피곤이 몰려와 바로 깊은 잠에 떨어졌다.

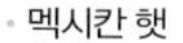

• 멕시칸 햇

• 모뉴먼트 밸리(근경)

DAY 12 CANYONLANDS

그랜드 캐니언의 축소판, 캐니언랜즈 국립공원

어제 강행군으로 모두 피곤하여 늦게 일어나 간단히 아침 식사를 한 후 오전 10시에 호스텔을 출발하여 캐니언랜즈 국립공원Canyonlands National Park으로 갔다.
캐니언랜즈 국립공원은 콜로라도강과 그린강Green River이 합쳐지는 곳의 중간 위쪽은 아일랜드 인더 스카이The Island in the Sky, 동쪽은 니들스The Needles, 서쪽은 메이즈The Maze 등으로 나뉜다. 아일랜드 인더 스카이 방문자 센터에서 내려 앞쪽의 셔이퍼 캐니언 전망대Shafer Canyon Overlook에 서니 탁트인 전경이 그랜드 캐니언의 축소판 같았다.

· 캐니언랜즈 국립공원(셰이퍼 캐니언 전망대)

푸른 하늘 흰 구름 아래 로키산맥의 산봉우리들이 저 멀리 보이고 앞쪽으로 콜로라도강에 의해 침식된 평원의 단층이 두 개 층으로 펼쳐져 있었다.
이곳은 그랜드 캐니언과 달리 자동차로 600m 아래로 내려갈 수 있는 비포장 도로가 있다고 하지만 모두들 피곤하여 가지 않기로 했다.

아일랜드 인더 스카이의 가장 남쪽 끝에 위치한 그랜드 뷰포인트 전망대Grand View Point Overlook에 도착하니 광활한 대지에

콜로라도강을 따라 형성된 협곡들이 눈에 들어왔다.
1,800m 고지에서 내려다보는 대평원 아래 공룡 발자국 같은 협곡 지형들은 강물에 의한 침식 초기의 모습을 보여주는 장관이었다.
협곡 안에는 브라이스 캐니언 같이 뾰족한 바위들이 자리하여 아름다운 자태를 뽐내고 있었다.
이후 돌아 나오는 길에 북 캐니언 전망대Buck Canyon Overlook, 그린 리버 전망대Green River Overlook에 들려 경관을 감상하고 사진을 찍었다.

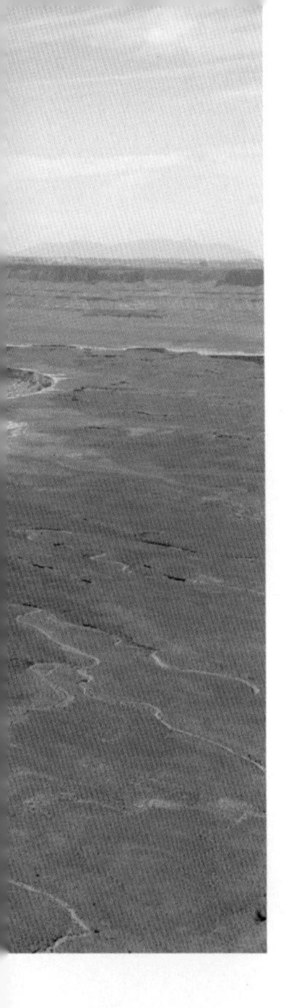

• 캐니언랜즈 국립공원(그린 리버 전망대)

그린 리버 전망대에서는 그린강도 콜로라도강과 같이 오랜 세월 붉은 사암을 침식하여 대협곡을 만들었다는 것을 확인할 수 있었다.
귀국한 후에 자료를 정리하다가 윈도우 7의 배경 화면인 메사 아치Mesa Arch를 빼먹고 들르지 못한 것을 알게 되어 아쉬움이 컸다.
모압 시내에 돌아와 점심으로 햄버거, 후렌치 후라이 등을 들고 오후에는 어제의 피로와 사막 지역의 여름더위 때문에 휴식을 취하기로 했다. 한 시간 반 정도 낮잠을 잔 후에 그동안 미루어 놓았던 빨래를 했다. 그러나 점심 식사 후 바로 잠을 자서 소화불량으로 저녁은 들지 못하고 콜라만 한 캔 비웠다. 소화불량은 다음날 아침 홍 국장이 건네준 정로환을 든 후 서서히 나아졌다.
한밤중에 일어나 화장실 가는 길에 하늘을 쳐다보니 북두칠성을 비롯한 수많은 별들이 하늘을 수놓고 있었다.

캐니언랜즈 국립공원(그랜드뷰 포인트 전망대)

DAY 13 ARCHES NATIONAL PARK

아치스 국립공원의 보석, 델리케이트 아치

오후의 더위를 감안하여 아침 6시 조금 넘어 아치스 국립공원Arches National Park으로 향했다.
3억 년 전 바다이었던 이곳의 바닷물이 증발하여 소금층이 생기고 그 위에 홍수 퇴적물이 쌓여 사암으로 굳어졌다고 한다. 이후에 1억 년 동안 비와 바람에 의한 침식작용으로 소금층이 꺼지고 뒤틀리며 아치가 형성되었다고 한다.
이 국립공원에 아치의 지름이 1m 이상인 것이 2,000여 개가 된다고 한다. 그러나 지금도 침식이 진행되어 새로운 아치가 생기고 기존 아치가 붕괴된다고 하는데 1970년 이후 기존의 아치

• 아치스 국립공원(파크 애비뉴, 세 명의 수다쟁이 바위 등)

43개가 붕괴되었다고 한다.

방문자센터를 지나 가파른 도로를 따라 오르니 파크 애비뉴Park Avenue와 라살 마운틴 뷰포인트La Sal Mountains Viewpoint가 나타났다. 파크 애비뉴는 뉴욕의 고층빌딩들이 하늘을 찌를 듯 서있는 파크 애비뉴와 비슷하다고 하여 붙여진 이름이라고 하는데 거대한 돌기둥과 우뚝 솟은 벽면이 주위를 압도하고 있었다.
라살 마운틴 뷰포인트 북쪽으로는 오르간 바위, 양머리 바위, 세명의 수다쟁이 바위 등이 한곳에 모여 있어 차를 세우고 사진을

• 아치스 국립공원 밸런스드 록(왼쪽)

찍었다.

조금 안쪽으로 들어가니 길가 오른쪽에 밸런스드 록Balanced Rock이 눈에 들어왔다. 높이가 39m인 이 붉은 사암 바위는 비와 바람의 침식으로 깎여 받침대 바위 위에 불꽃 형태의 큰 바위가 떨어지지 않고 균형을 유지하고 있는 모습은 경이로웠다.

밸런스드 록을 지나 데빌스 가든Devils Garden 지역으로 가는 길에 첫 아치인 스카이라인 아치Skyline Arch를 보러 갔다.

안내판을 보니 1940년에 큰 바위가 떨어져 나가 구멍 크기가 거의 두 배로 커졌다고 하는데 구멍 뒤쪽의 파란 하늘을 보니 가슴이 뻥

뚫리는 기분이었다.

데빌스 가든 주차장에 차를 세우고 걸어 들어가 파인트리 아치Pine Tree Arch, 터널 아치Tunnel Arch 등을 돌아 나왔다. 터널 아치는 두꺼운 바위 중간에 동그랗게 구멍이 뚫려있는데 자연의 힘이 아닌 광산 기사들이 일부러 착암기로 터널을 뚫어 놓은 것 같았다.
나중에 보니 터널 아치 직전에 왼쪽으로 난 길을 따라가 이 국립공원에서 두 번째로 유명한 랜드스케이프 아치Landscape Arch를 보러 갔어야 하는데 이를 빼먹은 것이 못내 아쉬웠다.
랜드스케이프 아치는 비 바람에 의해 자연스럽게 형성된 다리

• 아치스 국립공원(스카이라인 아치)

모양의 아치이다. 그 길이가 약 90m이고 가장 가는 곳의 두께가 불과 2m밖에 되지 않아 붕괴 위험이 있다고 한다.

데빌스 가든을 떠나 미국 국립공원에서 가장 사랑받는 대상의 하나인 델리케이트 아치Delicate Arch를 보러 갔다.
이 아치는 높이 16m, 폭 9.76m인데 유타주Utah State를 상징하는 명물로 유타주 자동차 번호판 배경으로 쓰이고 있다고 한다.

· 아치스 국립공원(터널 아치)

주차장에 차를 세우고 편도 1.5 마일2.4km을 1시간 정도 걸어가니 붉은 바위 위에 델리케이트 아치가 그 모습을 드러냈다.
비 바람에 의한 침식작용으로 바위 위 암벽에 구멍을 내고 그 주변을 모두 깎아 남은 형태라고 하는데 자연이 만든 "명품 중의 명품"이라 하겠다.
사진으로 몇 번 본 적이 있는 델리케이트 아치를 눈앞에서 보게 되니 그 우아하고 신비스러운 모습에 눈을 뗄 수가 없었다. 그 어느 유명한 조각가나 석수장이라도 이 아치와 같이 멋진 아치를 만들지 못할 것이란 생각이 들었다. 자연의 위대한 힘을 느끼는 시간이었다.
아치 왼쪽 다리의 잘록한 마디는 언제 부러질지 모를 정도로 불안해 보였다. 인공 구조물 등으로 보수를 하자는 의견도 있었으나 자연 그대로 두어 자연의 섭리에 따르기로 했다고 한다.

30여 분간 여러 위치에서 아치를 감상한 후 돌아 나와 마지막 방문지 더 윈도우The Window 지역으로 갔다.
이 지역은 차량이 밀려 시간이 지체되고 주차하기도 힘들어 길가 세 곳에서 사진만 찍고 돌아 나와야 했다. 그런데 나중에 보니 사진

• 아치스 국립공원 델리케이트 아치(원경)

찍은 장소가 더블 아치Double Arch와 사우스 윈도우South Window로 이 지역에서 가장 유명한 곳이었다.

모압Moab 시내로 들어와 중식당 사천용四川榕에서 볶은밥, 삼선탕면 등으로 점심을 들고 숙소로 갔다. 오후에 사막지역의 더위와 다음 날 이번 여행에서 가장 긴 거리지도상 890km를 이동하여야 하는 부담 등으로 일정을 비우고 휴식을 취했다.

★ ★ ★ ★ ★ ★ ★

DAY 14 WEST YELLOWSTONE

모압을 떠나
웨스트 옐로스톤으로

3일간 머물렀던 호스텔에서 짐을 챙겨 옐로스톤 국립공원으로 향했다. 모압에서 출발하여 유타주 주도州都인 솔트레이크 시티를 거쳐 아이다호주를 북상한 후 옐로스톤의 서쪽 출입구인 몬태나주 웨스트 옐로스톤까지 가는 일정이었다.

2시간여를 달려 웰링턴 마을 휴게소에서 커피를 들고 점심 때가 되어 솔트레이크 시티 한식당인 장수장에 도착했다. 모처럼 오래간만에 자기가 좋아하는 음식을 메뉴판에서 골라 주문하였는데 갈비탕, 짬뽕, 군만두 등을 들었다.

모압에서 솔트레이크 시티까지는 필자가 운전을 하였으나 점심

• 웨스트 옐로스톤의 헵겐 호수

식사 후 운전을 홍 국장에게 인계했다. 운전을 하지 않게 되니 고속도로 주위의 경치가 눈에 들어왔다.

오후 6시 30분경 웨스트 옐로스톤 숙소에 도착할 때까지 로키산맥 기슭의 마을, 농장, 목장, 호수, 하천 등의 아름다운 경치를 감상하느라 지루한지를 몰랐다. 특히 숙소 오두막Cabin 아래 길 건너 넓은 헵겐호수Hebgen Lake, 호숫가의 아담한 집과 나무들, 부둣가에 정박해 있는 보트들, 호수 건너편 숲이 우거진 산봉우리 등은 석양 빛을 받아 멋진 풍경화를 그려 놓고 있었다.

이번 여행을 하게 된 첫 번째 동기는 옐로스톤 국립공원을 찾아가는 것이었다. 미국에 2년 반이나 있었으나 이 국립공원을 방문하지 못하였었는데 옐로스톤이 미국 중북부 로키산맥 한가운데인 와이오밍주Wyoming State에 위치하고 있어 접근성이 떨어지고 방문할 수 있는 시기도 한정되어 있기 때문이었다. 옐로스톤은 평균 해발 고도가 2,400m로 도로에 눈이 없는 5월 말부터 10월 중순까지만 오픈Open하고 눈이 그보다 일찍 많이 오면 앞당겨 공원 도로가 폐쇄된다.

옐로스톤노란 바위이란 명칭은 유황 성분이 포함된 온천수가 석회암층을 흘러내리며 바위 표면을 노랗게 변색시켜 붙여진 이름이다.

• 옐로스톤 국립공원 올드 페이스풀 간헐천의 분출

• 미국 국립공원 중 방문객 1위인 그레이트 스모키 산맥 국립공원 (© Olivier Prat)

이 국립공원은 1872년에 세계 및 미국 최초로 국립공원으로 지정되었는데 미국본토 국립공원 중 두 번째로 넓은 면적9,000km²을 차지하고 있다. 이곳은 강과 호수, 산과 숲, 초원과 협곡, 온천, 폭포, 기암괴석, 간헐천일정한 간격을 두고 뜨거운 물이나 수증기를 뿜어내는 온천 등이 산재하여 있다. 또한 버펄로들소, 사슴, 고라니, 곰, 늑대 등 야생 동물들을 많이 볼 수 있어 국립공원의 종합판이라 불려지고 있다. 내셔널 지오그래픽National Geographic에서 가장 많은 사람이 방문한 미국 국립공원 Top 10 2016년 기준을 발표했다. 접근성이 떨어지고

1년에 4, 5개월만 오픈하는데도 옐로스톤이 6위420만명를 차지하였으며 미국인들이 죽기 전에 가장 가보고 싶어하는 곳으로 꼽히기도 했다.
참고로 2016년 기준 가장 많은 사람이 방문한 미국 국립공원 순위는 1위 노스 캐롤라이나주의 그레이트 스모키 산맥Great Smoky Mountains, 1,100만명, 2위 애리조나주의 그랜드 캐니언Grand Canyon, 590만명, 3위 캘리포니아주의 요세미티Yosemite, 500만명 등이었다.

DAY 15 GRAND TETON

옐로스톤 올드 페이스풀과 그랜드 티턴 국립공원

옐로스톤과 그랜드 티턴Grand Teton 국립공원의 3일간 일정 중 첫날로 웨스트 옐로스톤 서쪽입구를 지나 매디슨강을 따라 들어갔다.

옐로스톤에서 제일 유명한 올드 페이스풀 간헐천Old Faithful Geyser부터 보기로 하고 통나무로 지은 방문자센터 옆에 차를 주차한 후 안으로 들어갔다.

올드페이스풀 간헐천은 수 십년 동안 일정한 간격으로 온천수를 분출하였기에 "Old Faithful오랫동안 신의있는"이란 이름을 얻었다고 한다. 그 분출 주기는 평균 65분 간격이며 물기둥의 높이는

30m에서 60m라고 한다.
안내 데스크에서 직원에게 분출 시간을 문의하니 잠시 후인 오전 10시경이라고 알려 주었다. 밖으로 나와 간헐천 주변에 둥그렇게 반원형으로 만들어 놓은 나무 데크와 벤치가 설치되어 있는 쪽으로 가니 이미 많은 사람들이 와서 기다리고 있었다.
긴 나무 벤치에 앉아 조금 기다리니 간헐천에서 처음에 수증기가 피어올라 오다가 물이 조금씩 분출하기를 몇 번 하더니 갑자기 물이 아주 많이 나오면서 높이 솟구쳤다.
하늘 위로 치솟는 물기둥과 수증기는 정말 장관이었다. 감탄사를

옐로스톤
올드 페이스풀의
힘찬 분출

• 그랜드 티턴 국립공원 잭슨호수 선착장

연발하며 자연의 위대한 힘과 신비스러움을 실감하는 시간이었다.

올드 페이스풀 간헐천의 분출을 본 후 옐로스톤에서 16km 정도 남쪽에 있는 그랜드 티턴 국립공원으로 향했다.
그랜드 티턴 국립공원은 하늘을 찌를 듯이 솟아 있는 그랜드 티턴산4,198m과 주위의 산봉우리들, 수정 같이 맑은 호수들과 넓은 초원 등으로 빼어난 경관을 자랑한다. "역마차Stagecoach, 1939", "하이눈High Noon, 1952"과 함께 미국 서부영화의 3대 걸작으로 꼽히는 "셰인Shane, 1953"이 이 국립공원에서 촬영되었다.

한참을 달려 잭슨호수 전망대Jackson Lake Overlook에서 그랜드 티턴

산 연봉과 잭슨호수를 바라보니 별천지에와 있는 느낌이었다. 7월 하순인데도 산봉우리에는 여기저기 만년설이 자리하고 푸른 하늘과 호수는 끝없이 펼쳐져 있었다.
콜터베이 방문자센터Colter Bay Visitor Center에서 버펄로버거, 굵게 썰어 튀긴 감자 등으로 점심을 들고 잠시 잭슨 호숫가를 걸었다. 호수 부둣가에 정박해 있는 수십 척의 보트들, 그 뒤에 침엽수림과 만년설을 두르고 있는 산봉우리등은 자연과 문명의 멋진 조화를 보여주고 있었다.

도로를 따라 가다 좌회전하여 북상하니 스네이크강 전망대Snake

• 그랜드 티턴 국립공원(그랜드 티턴 산과 스네이크강)

• 그랜드 티턴산 연봉과 몰몬 로우 헛간

River Overlook에 다달았다.
굽이쳐 흐르는 스네이크강과 그랜드 티턴 산 연봉을 찍은 경치 사진은 이 국립공원을 대표하는 사진 2장 중 하나이다. 그러나 주위의 침엽수들이 너무 자라서 강 줄기가 조금밖에 보이지 않아 아쉬움이 컸다.

1890년대부터 1900년대 초까지 몰몬교도들이 공동체 생활을 한 지역을 몰몬 로우Mormon Row라고 한다. 이 국립공원을 대표하는 다른 사진 하나는 몰몬 로우에 남아 있는 헛간과 그랜드 티턴 산 연봉을 찍은 것이다. 귀국하여 자료를 보니 몰몬 로우를 들르지 않고 지나쳐 온 것을 알게 되었다.

숙소로 돌아오는 길에 수퍼마켓에 들려 닭다리2팩, 쌀, 호박, 양파 등을 구입한 후 요리를 하여 푸짐한 저녁 식사를 했다.
새벽 3시경 일어나 화장실에 다녀온 후 밖에 나가 하늘을 올려다 보니 크고 작은 수많은 별들이 어둠 속에서 아름다움을 뽐내며 수다를 떨고 있었다.

DAY 16 GRAND PRISMATIC SPRING

옐로스톤의 그랜드 프리즈매틱 온천, 그리고 호수와 폭포

옐로스톤 둘째 날은 남쪽 지역을 돌며 온천, 간헐천, 호수, 폭포 등을 찾아가는 일정이었다.
이곳의 화산 분지는 약 64만 년 전 대규모 화산 폭발로 형성되었으며 3,000여 개의 온천과 간헐천이 있다고 한다.
간헐천Geyser 중에는 어제 본 "올드 페이스풀Old Faithful"이 제일 유명하고 온천Hot Spring 중에는 그랜드 프리즈매틱 온천Grand Prismatic Spring이 미국에서 가장 크고 매혹적이라고 한다.
이 온천은 지름이 약 110m인데 가장 뜨거운 중심부는 빛의 산란 때문에 짙은 푸른색이지만 바깥쪽으로 갈수록 녹색, 노란색,

• 옐로스톤 익스켈시어 간헐천

주황색, 갈색 등 총천연색의 띠를 두르고 있다.
이는 뜨거운 온천수에서 자라고 있는 여러 색의 박테리아 때문인데 다양한 온도 분포에 따라 그곳에 적합한 박테리아가 서식하고 있다고 한다.
그랜드 프리즈매틱 온천을 보기 위해 미드웨이 간헐천 분지Midway Geyser Basin 주차장에 차를 세웠다.

파이어홀강Firehole River의 다리를 건너 간헐천 분지로 가는데 왼편으로는 수증기를 내뿜는 여러 갈래의 온천수들이 강으로 세차게 흘러내리고 있었다.

나무 데크를 따라가니 익스켈시어 간헐천Excelsior Geyser 표지판이 보였다. 과거에는 온천수를 91m 높이로 분출하여 옐로스톤에서 최대의 간헐천이었다고 한다. 그러나 지금은 물만 끓고 있어 온천으로 분류된다고 하는데 수증기를 어찌나 많이 내뿜는지 끓는 물이 잘 보이지를 않았다. 사람으로 치면 힘이 넘치는 청년기를 지나 말만 많아진 노인을 보는 것 같았다.

그랜드 프리즈매틱 온천 주변을 가니 온천수에 녹아있는 미네랄광물질이 쌓여서 비탈진 계단식 테라스를 만들고 그위에

• 옐로스톤 파이어홀 강으로 흘러내리는 온천수

· 옐로스톤 그랜드 프리즈매틱 온천

갈색과 주황색 박테리아가 추상화를 그려놓고 있었다. 안내판에 의하면 푸른색의 온천은 온천수가 70도에 달하는데 수증기를 피어올리며 1분에 약 2톤의 물을 파이어홀강으로 흘려 보내고 있다고 한다.

점심 식사를 한 후 그랜드 프리즈매틱 온천 전망대에 올라가 내려다 볼 때에는 환상적인 전체 모습에 감탄하지 않을 수 없었다. 내셔널지오그래픽사가 그랜드 프리즈매틱 온천을 공중에서 촬영하여 내셔널지오그래픽 표지 사진으로 게재했다. 그러자 그 신비롭고 웅장한 아름다움에 옐로스톤 국립공원의 가치가 새롭게

전망대에서 본 옐로스톤 그랜드 프리즈매틱 온천

• 옐로스톤 미드웨이 간헐천 분지 오팔 풀

조명되고 방문객이 폭발적으로 증가하기 시작했다고 한다.

그랜드 프리즈매틱 온천 주위의 박테리아 깔판Bacterial Mats 위에 있는 추상화 감상에 빠져 있다가 미드웨이 간헐천 분지를 나오며 푸른색의 오팔 풀Opal Pool과 터콰이즈 풀Turquoise Pool도 감상했다. 이 두 웅덩이Pool와 익스켈시어 간헐천도 아름다웠지만 가장 아름다운 그랜드 프리즈매틱 온천 옆에 있다 보니 별로 주목을 받지 못하고 있었다.
자연의 아름다움도 1등 뒤에 있는 2등, 3등은 남들의 시야에서 멀어지는 인간 세상사와 같은 외로움과 존재감이 희미한 아픔을 겪고 있는 것 같았다.

점심 식사 전에 올드 페이스풀 간헐천이 있는 어퍼 간헐천 분지Upper Geyser Basin를 둘러보기로 했다.
올드 페이스풀 방문자센터에서부터 20 여개의 간헐천과 웅덩이를 보며 모닝 글로리 풀Morning Glory Pool까지 왕복 4.4km를 나무 데크를 따라 걸었다.
주위가 회색, 갈색, 주황색 등이며 여기저기에서 온천수가 솟아오르거나 분출하고 수증기가 피어오르는 모습은 여기가 지구가 아닌 외계의 다른 행성에 가있는 기분이었다.
아름답기로 유명한 모닝 글로리 풀은 원래 짙푸른 색이었으나 관광객들이 웅덩이에 돌, 동전 등을 던져 아래 구멍을 막아 온천의 온도를 낮추어 서서히 녹색과 노란색으로 변화시켰다고 한다.
그러나 그 고고한 기품과 자태는 많은 관광객들의 발길을 한참

• 옐로스톤 모닝 글로리 풀

• 옐로스톤 하트 스프링(Heart Spring)

멈추게 하고 있었다.

방문자센터 쪽으로 오니 올드 페이스풀 주위 나무 데크와 벤치에 많은 사람들이 모여 있어 우리 팀원들도 그들 옆에 앉아 올드 페이스풀의 분출을 다시 한 번 더 감상했다. 50여 미터 정도 솟아오르는 물기둥은 역시 옐로스톤 제일의 경관임을 확실하게 증명하고 있었다.

115년 전에 목조 3층으로 지어져 거대하고 고풍스러운 올드 페이스풀 인Old Faithful Inn 식당에 들려 부페식으로 점심을 들었다. 식사를 먼저 마친 팀원들 3인은 화장실도 들르고 밖에서 쉬겠다고 자리에서 일어나 나갔다. 식사를 마친 후 식대 계산을 하려고 보니 마스터카드와 현금을 넣고 다닌 등산용 조끼를 자동차에 벗어 놓고 온 것을 알게 되었다. 핸드폰으로 팀원들에게 전화를 하고

문자메세지를 보냈으나 연결이 되지 않았다.
난감한 상황에서 잠시 시간이 지난 후 식당 카운터로 가서 여직원에게 “마스터카드와 현금을 자동차에 두고 왔다. 나의 핸드폰과 안경을 맡기고 잠깐 차에 다녀와서 계산을 하겠다.”라고 말했다. 여직원은 “핸드폰과 안경을 맡길 필요 없다. 그냥 차에 다녀오세요.”라고 말하며 미소를 지었다. 미국이 신뢰 사회이고 친절한 서비스 정신을 지닌 나라라는 것을 확인하는 시간이었다. 차로 뛰어가 조끼를 가져와 계산을 마친 후 몇 번이나 고맙다는 인사를 했다.

그랜드 프리즈매틱 온천 전망대에 걸어가 환상적인 전경을 보고 나서 남쪽 옐로스톤호수로 향했다.

• 그랜드 가이저(Grand Geyser)의 분출

· 옐로스톤 호수

레이크 빌리지Lake Village 방문자센터 내 점포에서 산 아이스크림을 들며 바다같이 넓은 호숫가 벤치에 앉아 탁트인 경치를 감상했다. 잔 물결이 이는 검푸른 호수, 호수 가운데 나무가 우거진 작은 섬, 호수 건너편 만년설이 쌓여 있는 여러 산봉우리 등을 바라보고 있자니 멋진 경치에 빠져 일어설 줄을 몰랐다. 이 호수에서 흘러내린 물은 옐로스톤강 본류가 되고 두 개의 폭포를 지나 옐로스톤의 그랜드 캐니언 협곡 사이로 들어간다고 한다.

옐로스톤 폭포Yellowstone Falls를 보러 가기 위하여 차를 북쪽으로 몰았다. 옐로스톤 폭포는 어퍼 폭포Upper Falls와 로어 폭포Lower Falls로 나뉘는데 로어 폭포의 높이(94m)가 어퍼 폭포(33m)의 거의 3배에 달한다.
전망대에서 정면으로 바라보는 로어 폭포는 장관이었다. 폭포 뒤쪽은 침엽수림이고 앞쪽 협곡은 나무가 듬성듬성 자라는 노란색과 주황색의 암벽이었다. 그 사이를 굉음을 내며 웅장하고 박력있게 떨어지는 흰 폭포수는 그동안의 피로를 싹 가시게 하는 것 같았다.

폭포수가 힘차게 흘러가는 옐로스톤의 그랜드 캐니언Grand Canyon은 30만 년에서 9,500년 전 사이에 세 차례의 빙하기를 거치며

• 옐로스톤 폭포(로어)

· 옐로스톤 폭포와 옐로스톤강

· 옐로스톤의 그랜드 캐니언

뾰족하고 날카롭게 깎이고 깊게 패였다고 한다.

이곳은 노란색의 화산암, 녹색의 침엽수림으로 아름다운 계곡의 진수를 보여주고 있었다.

DAY 17 MAMMOTH HOT SPRING

옐로스톤의 매머드 핫 스프링

옐로스톤 셋째 날은 이곳의 마지막 일정으로 북쪽 지역을 돌며 매머드 핫 스프링Mammoth Hot Spring과 그 부근을 둘러보는 것이었다. 차를 몰고 공원 내로 들어가서 조금 달리니 차들이 줄지어 서서 서행하고 있었다. 창 밖을 보니 뿔이 멋있는 엘크말코손바닥사슴 한 마리가 반대 편 차선 가에서 걷고 있고 숲 안쪽에는 뿔이 없는 암컷 한 마리가 풀을 뜯고 있었다.
옐로스톤공원 내 도로에서 차들이 서행하거나 관광객들이 차에서 내려 모여 있으면 십중 팔구 야생동물들을 구경하거나 사진에 담기 위해 지체되고 있는 것이었다.

• 옐로스톤 입구 도로변 엘크 사슴

매디슨Madison 삼거리에서 왼편으로 돌아 북쪽으로 올라가니 기본강Gibbon River의 폭포가 눈에 들어왔다. 작은 폭포이지만 세개의 큰 물줄기가 검은색 바위 사이를 하얗게 물보라를 일으키며 떨어져 침엽수림 안으로 사라지는 모습은 인상적이었다. 기본폭포 근처의 베릴 스프링Beryl Spring은 아름다운 에메랄드 색깔의 온천으로 부글부글 끓으며 수증기를 많이 내뿜고 있었다. 비가 약간 내리며 도로공사 구간이 있어 1시간 30분 정도를 달려 매머드 핫 스프링 어퍼 테라스Upper Terraces 지역에 도착했다. 매머드 핫 스프링은 터키의 파묵칼레Pamukkale와 함께 트레버틴Travertine : 지표면으로 솟아난 온천수에 의해 퇴적된 석회질의 침전물으로 아주 유명해진 곳이다. 매일 2톤 이상의 온천수와 함께 석회암 성분이

지상으로 올라와서 탄산칼슘으로 변하여 굳으면서 계단식 논과 같은 모습의 테라스를 만들었다고 한다. 처음에는 갈색, 적색, 녹색 등 박테리아 성분에 따라 다양한 색상을 띠고 시간이 지나면 흰색, 회색으로 변한다고 한다.

주차장에 차를 세우고 나무 데크 아래로 내려서니 온천수가 흐르지 않는 곳은 회색 벌판으로 황량했다.
온천수가 흐르는 아래쪽은 어제 본 그랜드 프리즈매틱 온천 주위와 같이 수증기가 피어오르며 비탈진 계단식 테라스를 만들고 곱고 은은한 여러 색깔의 환상적인 그림을 그리고 있었다. 그러나 이곳은 온천수에 석회암 성분이 많아 테라스의 높이가 더 높았다.

• 옐로스톤 매머드 핫 스프링 어퍼 테라스의 고사목

• 옐로스톤 매머드 핫 스프링(카나리 스프링)

다채로운 테라스에서 수증기가 피어오르며 그 사이에 고사목들이 우뚝 서 있는 모습이 염천지옥 같은 신비감을 느끼게 했다. 맨 아래쪽의 카나리 스프링Canary Spring은 경사가 가파른 언덕에 온천수가 많이 흘러 수증기가 더 높이 피어오르고 있었다. 수증기 아래 갈색, 흰색의 테라스는 규모가 크고 높아 아름답고 신비스러운 경관을 연출하고 있었다.

어퍼 테라스에서 나오는 길가에서 귀여운 새끼 두 마리를 데리고 있는 꽃사슴을 만났다. 원 웨이One Way 길에서 차량들이 정차하여 사슴 가족들을 보느라 시선들이 한 곳으로 집중되어 있었다.

꽃사슴들이 긴 차량 행렬을 의아한 눈초리로 바라보다가 숲속으로 들어가자 정차해 있던 차들도 서서히 움직이기 시작했다.

로어 테라스Lower Terrace 지역 주차장에 차를 세우고 나무 데크를 따라 걸으니 뾰족한 기둥 모양의 바위가 눈에 들어왔다.
리버티 캡Liberty Cap이란 이 바위는 바로 아래에서 온천수가 나오면서 물에 포함된 석회가 쌓여 만들어진 11m의 돌기둥이다.
이 돌기둥은 18세기 프랑스 혁명파가 착용한 붉은색의 띠 없는 원뿔형 모자를 닮았다고 하여 이런 이름이 붙여졌다고 한다.
어퍼 테라스에서는 계단식 테라스를 내려다 보았지만 로어 테라스에서는 올려다 보니 더욱 웅장하고 신기했다.
언덕 면 전체가 주황색, 갈색, 회색과 흰색 모습이었다.
온천수가 흐르고 있는 팔렛트 스프링Palette Spring은 어퍼 테라스의 카나리 스프링과 닮은 모습인데 테라스 제일 안쪽에서 아름다움과 신비스러움을 뽐내고 있었다.

1937년에 지어진 고풍스러운 매머드 핫 스프링 호텔 식당에서 점심을 들고 옐로스톤 남쪽 방향으로 가려고 차를 몰았다. 그러나 옐로스톤 북쪽 입구 가디너Gardiner까지 가서야 길을 잘못 들었다는 것을 알았다. 얼른 차를 돌려 제대로 방향을 잡아 옐로스톤 전망대와 타워 폭포Tower Fall를 들린 후 와시번 산Mount Washburn 고개를 넘었다.
이 고갯길 근처에는 1988년 7월 초 대화재로 불에 탄 고목들이

• 옐로스톤 매머드 핫 스프링 도로변 꽃사슴 가족

늘어서 있고 그 사이사이에서 새 나무가 힘차게 자라 오르고 있었다.
공원 전체 면적의 30% 이상을 태운 이 화재는 오랜 가뭄과 번개에 의한 자연발화로 발생했다고 한다.
발화 초기에는 산불 진화를 하지 않고 있다가 불이 무섭게 번지자 7월 말에 화재 진압에 나섰으나 불길은 9월 중순 시작된 첫눈으로 기세가 꺾이고 11월 중순에야 완전 진화가 되었다고 한다.

한참을 달려 노리스 간헐천 분지Norris Geyser Basin에 도착했다.
옐로스톤 온천 지대에서 가장 뜨겁고 가장 오래되었다는 이

· 옐로스톤 매머드 핫 스프링 로어 테라스의 팔렛트 스프링

• 옐로스톤 노리스 간헐천 분지(Norris Geyser Basin)

간헐천 분지를 노리스박물관 언덕 벤치에 앉아 내려다 보았다. 수증기가 몇 군데서 솟아오르고 황량한 벌판에 온천이 여러 곳에 보였다. 그러나 지금까지 본 간헐천 분지에 비하여 특이한 점이 없는 것 같아 온천과 간헐천이 있는 나무 데크 쪽으로는 내려가지 않았다.
이로써 3일간의 옐로스톤 국립공원 여행을 마무리했다.

여행은 일상생활을 벗어나 새로운 환경을 경험하는 시간이다. 옐로스톤 국립공원에서 산과 호수, 강과 폭포, 온천과 간헐천,

야생동물꽃사슴, 엘크 등 다양한 자연환경을 접할 수 있었다. 이런 다양성으로 미국 및 세계 최초 국립공원이라는 이름값을 하고도 남는다는 생각이 들었다.

옐로스톤공원을 나와 웨스트 옐로스톤 시내 슈퍼마켓에서 식료품과 프로판가스통을 구입하여 숙소로 돌아왔으나 프로판가스 종류가 틀려 반환하려 장 사장과 김 사장이 수퍼마켓으로 갔다. 그러나 반환, 환불이 되지 않아 새로 구입한 후 돌아와 저녁밥을 지어 들으니 밤 10시 20분에야 식사를 했다. 라스베이거스를 떠나 어제까지 서너 번에 걸쳐 멋진 여행 사진을 라스베이거스에서 만났던 친구 박내연에게 카카오톡으로 보냈었다. 사진 모두 경치 사진 이거나 각자 찍은 독사진이었다. 그는 답신에서 팀원 간에 불화로 단체 사진을 찍지 않았냐고 의심하는 문자를 보내왔다. 그래서 저녁 식사를 하며 내일부터 여행지에 도착하면 먼저 단체 사진부터 찍고 각자 행동하자고 제의했다.

DAY 18 LITTLE BIGHORN BATTLEFIELD

인디언의 전승지 리틀 빅혼 전투지를 거쳐 셰리든으로

오늘은 장 사장의 69회 생일칠순이어서 식사 담당인 장 사장 본인이 직접 소고기미역국을 끓이며 아침 식사를 준비했다. 정성 들여 준비한 음식 주위에 둘러앉아 생일 축하 박수를 치고 덕담을 나누며 맛있게 식사를 했다. 식사 후 숙소 밖에서 안개가 산 중턱에 걸린 헵겐 호수를 바라보며 든 커피 한 잔은 금상첨화이었다.

4명의 미국 대통령 얼굴이 조각되어 있는 마운트 러시모어Mt. Rushmore가 다음 목적지인데 그 인근 도시 래피드시티Rapid City까지

• 리틀 빅혼 전투지의 인디언 조형물(오른쪽)

당일에 가는 것이 무리여서 중간에 있는 소도시 셰리든Sheridan으로 향했다.
287번 지방도로로 북상하다가 주간 고속도로Inter-State Highway 90번을 타고 동쪽으로 가는 일정이었다.
내비게이션에 셰리든을 입력한 후 계곡 하천이 흐르고 목장들이 연이어 있는 멋진 농촌 풍경을 감상하며 가다 보니 차가 서쪽으로 달리고 있었다.
이상히 여겨 마을 주유소에서 문의하니 이 마을에서 멀지 않은 서쪽에 셰리든이란 작은 도시가 있다고 했다.
나중에 알게 되었는데 셰리든은 미국 남북전쟁 시 북군 측 장군으로 종전 후에는 인디언 전쟁도 수행한 필립 셰리든Philip Sheridan의 이름으로 이곳 몬태나주와 와이오밍주에서 도시

• 리틀 빅혼 전투지 기념관 내 당시 정치 지도자 모형

명칭으로 같이 사용하고 있었다.
차를 뒤로 돌려 동쪽으로 방향을 바로 잡고 가다가 리틀 빅혼 전투지 국립기념물Little Bighorn Battlefield National Monument에 들렀다. 어제 저녁 지도를 펴서 이동 지역을 살펴보다가 90번 고속도로 근처에 국립기념물이 있어 들르기로 하였었다.

몬태나주 리틀 빅혼 전투지는 1876년 6월 25일과 26일에 인디언 연합군라코타 수우족, 샤이엔족, 아라파호족 등이 미국 정규군과 싸운 곳이다. 이 전투는 인디언 전투1622~1890 중 미국을 상대로 인디언이 가장 크게 승리를 거둔 전투이었다. 미국 남북전쟁의 영웅 커스터George Armstrong Custer 대령을 비롯한 제7기병대 268명 전원이 전사한 이곳은 3년 후 국립묘지로 지정되었다.
이 전투에서 인디언 연합군을 시팅 불Sitting Bull과 크레이지 호스Crazy Horse가 이끌었다. 1948년부터 마운트 러시모어 남쪽에 크레이지 호스의 기마상을 조각해 오고 있는데 그는 리틀 빅혼 전투의 인디언 영웅이었다.

리틀 빅혼 전투지 기념관 안으로 들어가니 1876년 전투 시 사용한 무기, 군복, 장비 등을 전시해 놓고 있었다. 당시 "정치 지도자" 코너에 미국 그랜트Ulysses S. Grant 대통령과 인디언 연합군 시팅 불Sitting Bull 추장의 사진 모형을 나란히 세워놓은 것은 인디언의

• 리틀 빅혼 전투지 기념비

• 리틀 빅혼 전투지 묘지(일부)와 평원

승리를 홍보하는 것 같아 인상적이었다.
기념관을 나와 야트막한 언덕 위에 있는 기념비를 찾아갔는데 두개의 사각형 비석을 쌓아 올린 기념비에는 전사한 군인들의 이름을 새겨 그들의 명복을 빌고 있었다.
언덕 위에서 아래쪽 묘지와 벌판을 내려다보니 143년 전 전투 장면이 그려지고 총성과 말들의 울음소리가 바람결에 실려오는 것 같았다.

이곳에 도착하여 기념관에 들르기 전에 어제 저녁 식사 시 제의한 대로 4명이 단체사진을 찍으려 하였으나 각자 흩어져 그리 할 수가 없었다. 나중에 모여 단체사진 촬영 이외에 운전, 식사 등에 관한 그동안의 불만들을 쏟아내자 분위기가 냉랭해졌다. 그러나 앞으로 14일간은 함께 여행하여야 되니 각자 서운하거나 불편한 점은 이해하고 참아 유종의 미를 거둘 수 있도록 노력하자고 합의한 후 셰리든으로 차를 몰았다.

셰리든의 숙소는 밀 인Mill Inn으로 예전 밀가루 제분 공장을 1977년에 호텔로 개조했다고 하는데 고풍스럽고 아늑했다. 가까운 거리에 있는 부페식 중식당에서 저녁을 들며 칭다오青島 맥주를 각자 한 병씩 들어올리며 장 사장의 생일을 한 번 더 축하했다.

DAY 19 RAPID CITY

데빌스 타워, 마운트 러시모어와 크레이지 호스 기념물

마운트 러시모어Mt.Rushmore가 있는 래피드시티Rapid City로 가기 전 1906년 미국 최초의 국립기념물National Monument로 지정된 데빌스 타워Devils Tower를 들르기로 했다.

데빌스 타워는 높이가 260m인 거대한 바위로 바위 표면은 주상절리길쭉하게 갈라진 다각형의 돌기둥의 형태로 되어 있다.

데빌스 타워란 명칭은 이 지방 인디언들이 "나쁜 하느님의 탑"이라 부른 것에서 유래한다고 하며 6,000만 년 전 화산 폭발 시 분출되지 못하고 땅 속에 있던 마그마가 식은 상태에서 주위흙들이 침식되어 공중으로 노출된 것이라 한다.

• 데빌스 타워 매표소 앞 차량 행렬

영화 감독 스티븐 스필버그가 1977년에 만든 인간과 외계인의 만남을 소재로 한 영화 "미지와의 조우Close Encounters of The Third Kind" 속에 데빌스 타워가 등장하면서 그 신비로운 모습으로 널리 알려지게 되었다고 한다.

90번 고속도로에서 나와 24번 도로로 조금 가다보니 주위가 평야지대인 곳에 큰 바위가 불쑥 솟아 있어 놀라지 않을 수 없었다. 차를 타고 데빌스 타워를 한 바퀴 돌았는데 커다란 바위 밑에는 떨어져 나온 작은 돌들이 쌓여 있고 큰 소나무들이 자라고 있어 주상절리 바위의 아름다움을 더해주고 있었다.

· 데빌스 타워

구경을 하고 나서 매표소 오른쪽 식당 주차장에 차를 세웠는데 여성 산림감시원Ranger이 다가와서 운전면허증을 요구했다. 규정속도의 두 배로 매표소를 통과했다고 하며 과속으로 벌과금을 부과하려 했다.
국제운전면허증을 받아 살펴보던 산림감시인은 입국한 지 얼마되지 않은 외국인임을 참작해서인지 운전면허증을 돌려주며 앞으로 과속을 하지 말라고 당부했다.

점심 식사를 한 후 미국의 대표적인 조형물 중 하나인 러시모어산 국립기념지Mount Rushmore National Memorial가 있는 래피드시티로 향했다.
러시모어산은 사우스 다코타주 래피드시티 남서쪽에 있는 1,707m의 화강암 바위산으로 암벽엔 미국의 훌륭한 대통령 4명의 얼굴을 크게 조각해 놓은 곳으로 유명하다. 그 네 명은 조지 워싱턴George Washington, 초대, 토마스 제퍼슨Thomas Jefferson, 3대, 시어도어 루즈벨트Theodore Roosevelt, 26대, 에이브러햄 링컨Abraham Lincoln, 16대 등이다.
원래 미국에서 낙후된 사우스 다코타주에 관광객을 유치할 목적으로 역사가인 로빈슨이 인디언 추장, 서부 탐험가 등을 조각할 것을 제안했다. 그러나 조각가인 거츤 보글럼Gutzon Borglum은 미국 역사에 기여한 전직 대통령을 조각하자고 강력히 주장하여 이를 관철시켰다.
1927년에 착공하여 1941년에 완공한 이 조각상은 얼굴의 길이가

• 러시모어산 대통령 조각상

18m, 코의 길이만도 6m에 달하여 거대하고 장엄한 경관을 연출하고 있다.
소나무 숲 사이로 보이는 4명의 대통령 얼굴은 그들이 추진한 자유민주주의 국가의 건설, 독립 선언문 작성, 흑인 노예의 해방 등 미국의 정신을 대변해 주는 것 같아 존경심에 잠시 고개를 숙였다.
조각상 아래에서 팀원 4명이 함께 사진을 찍고 돌아나오며 조각가 거츤 보글럼의 흉상, 작업자 400여 명의 이름이 새겨진 석판 등을 관람했다.

그 후 다음 목적지 크레이지 호스 기념물Crazy Horse Memorial로 차를 몰았다.
크레이지 호스는 어제 들렸던 리틀 빅혼 전투지에서 미국 정규군과 싸워 승리한 인디언의 영웅인데 러시모어산에서 27km 떨어진 선더헤드산에 그의 기마상이 조각되고 있는 사연을 간단히 소개한다.

라코타 인디언들의 성스러운 장소인 러시모어산에 미국 대통령들의 얼굴이 조각되는 것을 본 라코타족 추장 헨리 스탠딩 베어Henry Standing Bear는 1939년 폴란드 출신 조각가 코자크 지올코브스키Korczak Ziolkowski에게 한 통의 편지를 보냈다고 한다.
그 편지는 "인디언에게도 위대한 영웅들이 있다는 것을 백인들에게 알리고 싶소."라는 호소와 조각을 부탁하는 내용이었다고 한다. 지올코브스키와 그의 아들은 대를 이어

• 크레이지 호스 기념물

1948년부터 크레이지 호스의 기마상을 조각해 오고 있다. 1998년에 완성된 얼굴의 높이는 27m이고 전신상이 완성되면 높이 172m, 가로 195m에 이르는 세계에서 가장 큰 조각상이 될 것이라고 한다. 그러나 미국 정부의 경비 지원 제안도 거절하고 모든 경비를 기부금, 입장료 등으로 충당하고 있어 조각의 완성까지는 앞으로 최소 100년은 더 걸릴 것이라고 한다.

주차장에 차를 세우고 멀리 산봉우리에 조각된 크레이지 호스의 얼굴을 바라보니 인디언들의 기상과 용맹을 느낄 수 있었다.

앞으로 언젠가 기마상 조각이 완성되면 인근 러시모어산의 미국 대통령상보다 더 많은 관광객이 찾는 명소가 될 것이라 생각했다. 숙소로 돌아와 체크인을 하니 에어컨이 고장났다며 숙박료를 30% 할인해 주었는데 도시가 높은 지대에 위치하고 피곤해서인지 밤에 숙면을 취하는데 별로 지장이 없었다.

DAY 20 BADLANDS NATIONAL PARK

배드랜드 국립공원과 윈드 케이브 국립공원

사우스 다코타주에 있는 두 개의 국립공원인 배드랜드 국립공원Badlands National Park과 윈드 케이브 국립공원Wind Cave National Park을 방문하는 날이다.

배드랜드 국립공원은 6,500만 년 전부터 서쪽 마운트 러시모어가 있는 블랙 힐스Black Hills에서부터 밀려 내려온 사암 침전물이 쌓인 후 풍화와 침식작용을 거쳐 현재의 황량한 모습을 갖추었다고 한다.

배드랜드란 명칭은 이 지역에 살던 라코타 수Lakota Sioux부족 인디언들이 이곳을 마코시카Mako Sica라고 불렀는데 그 뜻이 "나쁜 땅"이란데서 온 것이라고 한다.

숙소에서 한 시간여를 달려 배드랜드국립공원 입구에 들어서니 푸른 초원 저편으로 흰색과 회색의 작은 바위 봉우리들이 눈앞에 펼쳐졌다.

국립공원 내 일주도로를 따라 가까이 가서 보니 비와 바람에 깎여 뾰족하게 솟은 수많은 봉우리들은 지구가 아닌 다른 행성에와 있는 것 같은 착각을 일으키게 했다. 공원 안쪽으로 들어가니 산봉우리가 몇 배 더 높아져 황량한 신비감 속에 빠져들게 했다.

배드랜드 관람을 마치고 나오는 길가에 "월 드럭스토어Wall Drugstore"를 알리는 입간판이 몇 개 있는 것을 보고 그곳을 들르기로 했다.

이곳의 유래는 90여 년 전으로 올라간다. 1931년 약사인 테드 허스테드Ted Hustead가 당시 인구 200명인 월Wall이란 마을로 이주해와 드럭스토어, 지금의 휴게소 혹은 수퍼를 열었다고 한다. 손님이 없어서 거의 망해가던 1936년 여름에 그의 아내 도로시Dorothy가 지나가는 여행객들에게 무료로 얼음물Free Ice Water을 준다고 길가에 입간판을 세웠는데 마운트 러시모어나 옐로스톤으로 구경하러 가던 관광객들이 많이 들르며 사업이 번창하고 그 이후 쇼핑몰 형태로 확대되었다고 한다.

월 드럭스토어 내에 있는 아트 갤러리 식당에서 햄버거, 어니언링, 프렌치프라이 등으로 점심을 들었는데 88년 전통의 식당이라 그런지 다른 식당보다 음식이 더 맛있었다.

점심 식사 후 몇몇 기념품점과 전시공간서부 개척시대 마차와 카우보이 모형,

• 배드랜드 국립공원(원경)

• 배드랜드 국립공원(근경)

· 월 드럭스토어 전경

· 월 드럭스토어 전시품 앞에서(왼쪽), 월 드럭스토어 기념품점에서(오른쪽)

옛 전화기 등을 둘러보고 다음 목적지인 윈드 케이브 국립공원으로 향했다.

윈드 케이브 국립공원Wind Cave National Park은 1881년 사슴 사냥을 하던 빙험 형제Tom and Jesse Bingham가 바위 구멍에서 나오는 강한 바람 소리를 듣고 이 동굴을 발견하여 "바람 동굴Wind Cave"이란 이름이 붙었다고 한다.

이 동굴은 1903년 미국에서 일곱 번째 국립공원으로 지정되었는데 동굴이 국립공원으로 지정된 것은 세계에서 처음이라고 한다. 동굴의 길이는 226km로 좁은 미로같은 통로에 종유석은 찾아볼 수 없는 거의 말라버린 동굴인데 엘리베이터 고장으로 동굴 내부 투어를 중단하여 안으로 들어가 보지 못했다. 그 대신 방문자센터의 전시물을 둘러보고 빙험 형제가 이 동굴을 발견하게 된 동기인 야외 바람이 나오는 바위 구멍의 바람을 체험하고 그곳을 떠났다.

숙소로 돌아와 방에 들어가 보니 화장실 수건은 교체되고 휴지통도 비워져 있는데 침대시트는 그대로이었다. 침대 위 한 켠에 가방이 올려져 있었는데 투숙객의 물건을 건드리지 않는 청소원들의 직업의식 때문일 것이란 생각이 들었다.

• 윈드 케이브 국립공원 바람구멍 앞 필자

DAY 21 ALBERT LEA

래피드 시티를 떠나 동쪽으로

90번 고속도로를 따라 사우스 다코타주 래피드시티부터 미네소타주 앨버트 리Albert Lea까지 동쪽으로 840km525마일를 가야 하는 날이다.
고속도로를 달리며 도로변 주위 경치는 주로 목장과 농장으로 거의 비슷한 풍경이 이어져 운전을 하며 졸음을 참느라 힘들었다.
졸음이 많이 오면 운전을 교대로 하고 고속도로 휴게소에 들러 커피를 들며 졸음을 쫓았다.
점심 식사를 하기 위하여 고속도로 옆 광고판에 식당과 주유소가 있다고 표시되어 있는 몬트로스Montrose라는 마을로 들어갔다. 작은 마을의 이곳저곳을 다녀 보았지만 주유소는 있었으나 식당은 찾을 수 없었는데 마을 인구가 줄며 손님이 적어져 폐업한 것 같았다.
고속도로로 다시 진입하여 조금 더 가니 사우스다코타주에서 제일 큰 도시인 수 휠스Sioux Falls라는 표지판을 보고 고속도로에서 나왔다. 남쪽으로 난 큰 길을 조금 가니 베트남식당이 있어 쇠고기볶음과 볶은 밥Beef & Rice을 주문하여 점심을 든든하게 들었다.
다시 고속도로로 올라와 계속 달려 앨버트 리에 다 와 가는데 운전을 하던 홍 국장이 렌트카의 엑셀레이터가 위로 솟아 있는데 밟아도 아래로 내려가지 않아 고장난 것 같다고 했다. 숙소에 도착하여 짐을 내려놓고 카운터에서 카센터 위치를 확인한 후 찾아갔으나 문을 닫은 상태Closed여서 그냥 돌아와야 했다.
차를 수리하려면 내일 일정이 늦춰져 차질을 빚을 것과 미국의 차량수리비가 비싼 것을 걱정하며 잠을 청했다.
한국에서 카센터를 하는 후배에게 전화로 문의하기까지 하던 홍 국장이 다음 날 아침 일찍 일어나 렌트카의 계기판과 핸들 주위를 자세히 살펴보더니 문제점을 알아냈다. 계기판의 크루즈 컨트롤Cruise Control : 정속주행장치 버튼이 눌려져 있어서 엑셀레이터가 위로 솟은 상태로 일정 속도로 달리게 조작되어 있는 것을 발견한 것이었다. 크루즈 컨트롤 버튼을 누르니 엑셀레이터가 원 위치로 돌아왔다고 홍 국장이 알려와 어제 밤부터의 걱정을 곧바로 날려버렸다.

DAY 22 MADISON

위스콘신대학교와 주 의회 의사당을 돌아보다

앨버트 리를 출발하여 필자가 2년간 유학하였던 위스콘신주 주도州都 매디슨Madison까지 가서 위스콘신대학교 교정과 위스콘신주 의회 의사당을 둘러보는 일정이었다.
숙소에서 8시 30분에 출발하여 아침 식사를 하기 위해 남쪽 길로 조금 내려가서 한 식당 안으로 들어갔다. 그곳에는 노인 어르신들이 많았는데 식탁마다 화기애애하게 이야기꽃을 피우고 있었다. 우리나라 시골 전통식당같이 집에서 직접 만든Home Made음식을 제공하고 있었다.
분위기 좋고 아담한 식당에서 토스트, 계란후라이, 감자채부침,

커피 등으로 아침을 들고 90번 고속도로로 힘차게 진입했다.

조금 달려 미시시피강 다리를 건너니 위스콘신주 홍보관이 나타나 잠시 들려 돌아보며 휴식을 취했다. 2시간여를 더 가서 30년 전 유학을 왔던 위스콘신대학교의 학생회관에 도착했다.
학생회관은 메모리얼 유니언Memorial Union이라 하는데 이곳에서 점심으로 바베큐 치킨 샌드위치를 들고 멘도타 호수Lake Mendota쪽 테라스로 나갔다.
1989년 이 테라스에서 바다같이 넓은 호수에 떠있는 요트와 작은 배들을 처음 바라보았을 때 이곳의 아름다운 경치는 대학교가 아닌 어느 관광지 해변가에 온 것 같았다.
경치를 감상하며 호숫가 길을 걷다가 전에 수업을 듣던 사회과학대학 건물을 지나 언덕 위에 있는 대학 본부 베스컴

• 앨버트리 전통식당의 가정식 아침 음식

• 위스콘신대학교 본부(베스컴 홀)

홀Bascom Hall로 향했다.

위스콘신대학교 경내를 걸으니 유학시절에 추운 날씨에도 자전거를 타고 강의실, 식당 등을 찾아다녔던 때가 생각났다. 또한 밤이면 영화 동호인클럽 대학생들이 강의실을 빌려 일주일에 한 번씩 상영하는 영화들을 보러 다녔던 추억을 불러일으켜 감회가 새로웠다.

베스컴 홀 앞에 있는 링컨대통령 동상 주위에서 멋진 대학 캠퍼스와 매디슨 시내를 내려다보며 사진을 찍고 위스콘신주 의회 의사당으로 갔다.
위스콘신주 의회 의사당은 워싱턴 D.C.에 있는 의사당연방 의사당을 제외하면 규모로는 미국 50개 주州 중에서 제일 큰 의사당이라고 한다. 위스콘신대학교 베스콤 홀과는 스테이트 스트리트State Street를 사이에 두고 직선으로 마주 보고 있다.
위스콘신주 의회 의사당 건물과의 인연은 유학을 와서 한 달 쯤 지나 의사당 광장에서 매주 토요일 아침에 열리는 "파머스 마켓Farmer's Market"을 구경가서 둘러보며 첫 대면을 했다.
농부들이 자기 농장에서 수확하거나 가공한 신선한 농산물채소, 과일, 꽃, 계란, 우유, 치즈 등을 가지고 나와 팔아 생산자와 소비자가 함께 만족하는 직거래 장터로 아주 인상적이었다.
2010년 여주 군수에 취임한 후 "파머스 마켓" 제도를 여주에 도입했다. 지금도 4월부터 10월까지 매주 토요일 오전에 여주 중앙통 한글시장 거리에서 농산물 번개시장이 꾸준히 열리고 있다.
의사당 건물 안에 들어가 대리석으로 장식된 중앙 로텐더홀에서 자유의 종복제품, 여신상과 독수리 조각품, 돔 천장의 벽화 등을 구경했다.

의사당에서 나와 인근에 있는 한식당에서 맥주에 소주를 탄 소맥으로 목을 축인 후 부대찌개에 비빔밥으로 푸짐하게 저녁 식사를 하고 숙소로 향했다.
그런데 숙소에서 체크인을 하며 문제가 발생했다. 숙소 예약을 "Queen Suite with Sofa Bed4인"로 하였는데 방에 가보니

위스콘신주 의회 의사당 앞 필자

2인용 침대 하나와 소파가 하나 있을 뿐이었다. 추가 숙박료를 지불하겠으니 방 하나를 더 사용할 수 있게 요청하였으나 빈 방이 없다고 하여 홍 국장은 방 바닥에 시트Sheet를 깔고 자야만 했다.

DAY 23 MILWAUKEE

밀워키 할리데이비슨 박물관과 시카고 밀레니엄공원

위스콘신주 매디슨을 출발하여 밀워키Milwaukee에 있는 할리데이비슨박물관Harley Davidson Museum에 들른 후 일리노이주 시카고Chicago까지 가는 일정이었다. 오토바이 마니아인 홍 국장이 특별히 요청하여 할리데이비슨 박물관 방문을 일정에 포함시켰었다.

할리데이비슨은 1903년 윌리엄 할리와 아서 데이비슨이 모터사이클을 제작하였는데 이 두 사람의 이름을 따서 모터사이클 이름과 회사 이름으로 정하여 사용해오고 있는 것이라 한다.

이 박물관에는 시기별로 450대의 할리데이비슨 바이크를

• 할리데이비슨 박물관에 전시된 오토바이를 타보는 팀원들

전시하고 있었다. 1903년부터 116년간의 역사를 담고 있어 초창기 페달이 달린 모터사이클부터 최신형 모델까지를 볼 수 있었다. 특히 군용, 경찰 순찰용이나 우편 배달용으로 사용되었던 것은 옆이나 뒤에 보조석 또는 큰 짐칸을 달아 기동성 외에 실용성도 높인 모델이었다. 그 이외에 테마별로 인쇄물사진, 신문 기사 등, 의상, 연료 탱크, 엔진 등을 다양하게 전시하여 재미있게 관람했다. 홍 국장은 관심있는 모델이나 전시품을 계속 카메라에 담으며 박물관에 푹 빠져 있었다.

박물관 옆 식당에서 점심을 들고 시카고로 가는데 금요일 오후라서 차량 정체가 심했다.
뉴욕 메트로폴리탄미술관, 보스턴미술관과 함께 미국의 3대 미술관 중 하나인 시카고미술관Art Institute of Chicago에 도착하니 오후 4시 30분으로 마감 30분 전이라 내일 관람키로 하고 미시간호수 쪽으로 향했다.
호숫가로 가기 전 시카고 미술관 뒤쪽에 있는 밀레니엄공원Millennium Park에 들렀다. 2006년 봄에 완공되었는데 시카고 시민들의 휴식처인 이 공원은 각종 공연이 많이 열리고 주말을 즐기는 장소로 인기가 높다고 한다.
이곳에는 눈에 띄는 두개의 조형물이 있다.
하나는 거대한 스테인리스로 만들어진 클라우드 게이트Cloud Gate로 둥근 콩Bean 모양의 은색 조형물인데 무게가 110톤으로 야외에 설치된 조형물 중에서 세계에서 가장 무거운 것이라고 한다.
관광객들은 이 조형물에 비치는 자신의 모습과 주위 경치를 카메라에 담느라 바빴다.
둘째는 크라운분수Crown Fountain로 높이가 15m에 달하는 직사각형 LED전광판 두 개가 마주 보고있는 구조물이다. LED타워의 스크린에는 시카고 시민 1,000명의 얼굴이 13분 만에 한 번씩 바뀌는데 사진이 바뀔 때 입에서 물줄기가 뿜어져 나온다.
이 두 조형물 앞에서 사진을 찍고 걸어간 미시간호수는 보트와 요트들이 정박해 있고 인근에는 고층빌딩들이 줄지어 있어 경치가 아름다웠다.

· 시카고 밀레니엄공원 클라우드 게이트

JAWS

• 시카고 밀레니엄공원 크라운 분수 앞에서

호숫가를 걷거나 벤치에 앉아 휴식을 취하다가 저녁 식사를 하러 갔다. 한식당인 조선옥에서 차돌박이구이와 볶은밥, 우족탕 등으로 배불리 들고 나오는데 식당 입구에 손님들이 길게 줄을 서서 대기하고 있었다.

식당 손님 중에 한국인은 30% 정도이었는데 미국인들에게도 한식이 많이 알려져 찾아오는 것을 현장에서 보니 기분이 좋았다.

★ ★ ★ ★ ★ ★
DAY 24 CHICAGO

시카고미술관과 윌리스 타워

미국에서 두 번째로 크며 약 30만 점의 작품을 소장하고 있는 시카고미술관Art Institute of Chicago과 한때 25년간 세계에서 가장 높은 빌딩이었던 윌리스 타워Willis Tower를 방문하는 날이었다.

입장권을 구입하여 시카고미술관에 들어갔는데 장 사장이 모처럼 각자 관람하고 나중에 만나자고 제안하여 12시에 입구에서 만나기로 하고 헤어졌다.
1시간 30분 동안에 미술관 관람을 하는 것은 수박 겉핥기에도 미치지 못할 것 같았다. 우선 1층 아시아관 한국작품 전시실에서

• 시카고미술관 한국 코너의 달항아리

고려청자, 달항아리, 불교의 반야심경 일부를 새긴 묘지명 도자 판 등을 보고 나서 구관 2층으로 갔다.

이곳에는 시카고 미술관의 대표 소장품인 조르주 쇠라Georges Seurat의 "그랑드자트섬의 일요일 오후"가 전시되어 있다. 이 작품은 쇠라가 1884년부터 2년간 수백만 개의 점을 찍어 완성한 대작세로 2m, 가로 3m으로 신인상주의의 대표작이기도 하다. 한 가지 빛깔을 내기 위해 수많은 점을 찍는 점묘법의 창시자인 쇠라는 32세에 요절하였으나 반 고흐, 고갱, 마티스 등이 그의 그림으로부터 영향을 받았다고 한다. 이 대작을 가까이서 또는

• 조르주 쇠라, "그랑드자트섬의 일요일 오후", 1884 (캔버스에 유채, 시카고미술관 소장)

멀리 떨어져서 감상했다.
그 후 주위에 있는 명화 구스타브 카유보트의 "비 오는 날, 파리의 거리", 르누아르의 "두 자매", 반 고흐의 "자화상"과 "방" 등 앞에서도 걸음을 멈추었다.

유럽회화 전시실을 떠나 별관 2층에 있는 그랜트 우드Grant Wood의 대표작 "아메리칸 고딕"을 보러 갔다.
1930년 미국 대공황 당시 아이오와주 한 농촌 마을을 배경으로

• 그랜트 우드, "아메리칸 고딕", 1930 (비버보드에 유채, 시카고미술관 소장)

시골 농부와 딸을 그린 그림이다.

미국의 전통적 가치인 농촌, 가정을 옹호하는 작품이라 평가되어 미국인들이 가장 좋아하는 그림이며 지금은 미국을 대표하는 걸작이 되었다고 한다.

이 그림 앞에 서니 옆길을 바라보는 여자 좌측에 서서 건초용 갈퀴인 삼지창을 든 농부의 부릅뜬 눈길 속으로 빨려들어갈 것 같았다.

문화재청장을 지낸 유홍준 교수가 그의 저서 "나의 문화유산 답사기"에서 처음 사용한 "아는 만큼 보인다"라는 말과 같이 작품에 대한 사전 지식을 갖고 보면 작품 감상의 수준이 높아질 수 있다고 생각한다.

30년 전 시카고 미술관에 처음 갔을 때 인상 깊게 감상한 작품 한 점을 더 소개하고자 한다.
미국의 대표적인 사실주의 화가인 에드워드 호퍼Edward Hopper가 1942년 그린 "밤을 지새우는 사람들Nighthawks"로 현대 도시인의 고독과 소외를 다룬 명작이다.
호퍼의 이 그림은 밤 늦게 시내 한 식당에 있는 사람들의 모습을 그린 그림이다. 그림 속 사람들의 온몸을 비추는 형광등 불빛, 등을 돌린 채 혼자 앉아 술을 마시고 있는 남자, 건너편에 앉아 대화 없이 종업원을 응시하고 있는 한쌍의 연인, 밤 늦게까지 일하는 머리 하얀 종업원 등을 묘사하여 외로움과 소외감을 화폭에 담았다.

시카고미술관을 나와 점심을 맥도널드 햄버거로 들고 윌리스 타워Willis Tower로 갔다.
직육면체 모양이 이어진 모습의 윌리스 타워는 높이 443m, 110층 건물로 1974년 준공 후 세계에서 가장 높은 빌딩이었으나 25년 후 말레이시아의 쿠알라룸푸르에 있는 페트로나스 타워에 1위 자리를 내주었다. 건설 당시에는 시어스사Sears Roebuck & Co가 소유하여 시어스 타워라는 이름으로 불렸으나 2009년 윌리스

· 에드워드 호퍼, "밤을 지새우는 사람들", 1942 (캔버스에 유채, 시카고미술관 소장)

사Willis Group가 빌딩을 인수하며 현 이름으로 바뀌었다고 한다.
윌리스 타워 건물 내로 들어서니 주말인 토요일이라 대기하는 사람들의 줄이 길어 보안검색, 입장권 구입, 엘리베이터 탑승 등에 2시간여를 보냈다.
오랜 기다림 끝에 초고속 엘리베이터를 타고 103층 전망대에 올라가니 사방으로 탁 트인 도시 전경이 펼쳐져 있었다.
동쪽은 고층빌딩들과 미시간호수가 내려다 보이고 서쪽은 열과 행을 맞추어 줄 서있는 단층 주택들이 눈에 들어왔다. 한 장소에서 수평선과 지평선을 동시에 볼 수 있어 좋았다. 이 전망대의 명물인

• 배경의 빌딩 사이로 윌리스 타워가 보인다

유리 발코니 "레지The Ledge" 위에 서서 유리 바닥 아래 400m의 아찔한 높이를 경험하고 내려왔다.

어제 들렀던 조선옥에서 우족탕, 육개장, 물냉면 등으로 저녁 식사를 맛있게 하고 숙소로 돌아왔다.
그런데 방 청소가 안 되어 있고 침대 시트도 그대로여서 이상했다.
살펴보니 아침에 방을 나가며 방문 앞에 "Don't Disturb방해하지 마세요; 그대로 두세요"라는 팻말을 문고리에 걸어놓고 나가서 청소를 하지 않은 것이었다. 팻말 뒷면의 "Maid Service Please청소 부탁합니다"라고 걸어 놓았어야 했는데 나가며 신경을 쓰지 않은 결과였다.

팁 $5을 침대에 놓았었는데 청소부에게 미안한 마음이 들었다.

UBS

윌리스 타워에서 본 미시간 호수와 고층빌딩들

DAY 25 BUFFALO

시카고에서 버펄로까지

시카고를 떠나 나이아가라폭포가 있는 버펄로Buffalo까지 880여km를 가는 일정이었다.
아침에 출발하여 중간에 휴게소와 식당, 주유소 등 이외에 다른 곳을 들르지 않고 숙소까지 가는 세 번째 날이었다.
첫째 날은 7월 24일로 모압을 떠나 웨스트 옐로스톤까지 간 것이고, 둘째 날은 7월 31일로 래피드 시티에서 앨버트 리까지 간 것이었다.
앞의 두 번은 교통량이 적은 산악 지역이거나 농촌 평야지대의 고속도로를 달리는 것이었으나 이번은 도시화된 지역으로 숙소에 도착하니 오후 8시 30분으로 약 11시간이나 걸렸다.
90번 고속도로를 따라 동쪽, 동북쪽으로 가면서 처음으로
고속도로 통행료도 4곳에서 $25을 지불했다. 고속도로 통행량이
많아 도로 유지보수비도 많이 들기 때문에 인디애나, 오하이오,
뉴욕 등 각 주정부에서 통행료를 징수하고 있는 것 같았다. 홍
국장, 김 사장 등과 교대로 운전하며 평지를 직선으로 달릴 때 오는
졸음을 쫓았다.

이 고속도로를 달리며 미국 유학시절 나이아가라폭포를 가다가 큰
사고를 낼 뻔한 일을 회상했다.
여름방학 기간 중 미국여행을 온 모친과 여동생 내외를 태우고
90번 고속도로의 오하이오주 구간을 운전하고 있었다.
잠깐 깜박 졸다가 차선을 급히 바꾸었는데 백미러를 보니 뒤에
큰 화물차가 거의 붙어서 따라오고 있었다. 차선을 바꾸며 보지
못하였는데 조금 일찍 핸들을 돌렸더라면 화물차에 충돌하는
대형사고를 낼 뻔한 순간이었기에 정신이 번쩍 들고 당황한 적이
있었다.

오후 1시가 지나서 고속도로 휴게소 식당에서 점심을 들었다.
필자는 피자 1인분을 시켜 접시를 비웠으나 다른 팀원들은
스파게티를 주문하였는데 덜익은 스파게티면에 토마토
파스타소스만 넣어 맛이 없다고 모두 음식을 남겼다.
여행을 하며 식당에서 주문한 음식을 남긴 것은 처음이자

마지막이었다.

버펄로 숙소에 체크인 한 후 오후 9시가 넘었으나 점심을 부실하게 들었기에 저녁은 인근 식당에서 비프스테이크Beefsteak, 프라이드치킨Friedchicken 등에 맥주를 곁들여 배불리 들었다.

★ ★ ★ ★ ★ ★

DAY 26 NIAGARA FALLS

위대한 자연의 힘, 나이아가라폭포

세계에서 가장 유명한 폭포인 나이아가라폭포Niagara Falls를 구경하는 날이었다.
나이아가라폭포는 이과수폭포Iguazu Falls : 브라질, 아르헨티나, 빅토리아폭포Victoria Falls : 짐바브웨, 잠비아와 함께 세계 3대 폭포로 꼽히며 접근성이 좋아 관광객이 가장 많이 찾는 곳 중 하나이다.
오대호에 속하는 이리호에서 흘러나온 나이아가라강이 온타리오호로 들어가는 도중에 있는 나이아가라폭포는 고트섬을 중심으로 아메리칸폭포American Falls와 캐나다 쪽 폭포Horseshoe Falls : 말발굽 폭포로 나뉜다.

• 나이아가라폭포(미국 쪽)

미국 쪽은 폭이 320m, 낙차 55m이고 캐나다 쪽은 폭이 670m, 낙차 54m이며 폭포물의 양은 95%가 캐나다 쪽으로 떨어진다고 한다.
나이아가라강은 미국과 캐나다의 국경선으로 레인보 브리지Rainbow Bridge를 통하여 왕래할 수 있다.
오전에 미국 쪽 폭포를 보기 위해 차를 주차하고 전망대에 서니 나이아가라 강물이 절벽 아래로 떨어지며 만든 물기둥과 물안개, 그 옆에 걸려있는 오색 무지개는 전에도 보았지만 역시 장관이었다.

폭포를 강 위에서 보기 위해 유람선인 "안개 아가씨호Maid of the Mist"에 올랐다. 유람선은 미국 쪽 폭포를 지나 캐나다 쪽 폭포 바로 아래까지 갔는데 눈을 뜨지 못할 정도로 물보라가 거세게 일어 우비 위에 비처럼 쏟아져 내렸다.
세차게 떨어지는 폭포수의 소용돌이 때문에 배가 흔들리고 폭포 소리는 멀리서 들려오는 천둥 소리처럼 들렸다. 배에 탄 관광객 모두 탄성을 지르며 연신 사진을 찍어댔다.

유람선에서 내려 레인보 브리지를 건너 캐나다 쪽으로 갔는데 미리 비자를 받아놓아 바로 통과했다. 폭포 인근에 있는 한식당에서 감자탕과 잡채로 점심을 들고 캐나다 쪽에서 폭포를 구경했다.
캐나다 쪽 폭포 옆에서 힘차게 쏟아져 내리는 폭포수와 피어오르는 물보라를 보니 위대한 자연의 힘에 한번 더 감격했다.
파란 하늘 흰 구름 아래 미국 쪽과 캐나다 쪽 폭포를 함께 보니 아메리칸폭포는 거울 앞에서 화장을 마친 새댁 같고 말발굽 폭포는 먼지를 일으키며 말을 달리는 장수 같다는 생각이 들었다.

캐나다 쪽에서 폭포 구경을 하고 나니 홍 국장이 카지노에 가기를 청했다. 예정에 없었으나 장 사장, 김 사장도 원하여 2시간 정도 자유시간을 갖기로 했다.

• 나이아가라폭포(캐나다 쪽)

3인은 폴스뷰 카지노로 가고 필자는 근처에 있는 스카이론 타워Skylon Tower에 올라갔다.
236m 높이에서 아메리칸 폭포와 캐나다 쪽 폭포를 동시에 내려다보며 아름다운 경치를 마음껏 감상했다.

오후 4시 30분에 다른 팀원들과 만나 다시 미국 쪽으로 넘어오는데 레인보 브리지 미국 입국 심사소에서 입국 절차는 까다로웠다.

차를 옆 차선으로 옮기라고 하더니 뒤 트렁크에 있던 가방까지
일일이 열어보라고 하며 혹시 반입금지 물품마약, 육류, 과일 등이
있는지를 철저하게 검색했다.
숙소에 돌아왔는데 피곤하고 점심 든 것이 소화불량이라 저녁
식사를 하지 않고 일찍 취침했다.
다른 팀원들은 인근 버거킹 식당에서 햄버거, 프렌치프라이 등으로
저녁을 간단히 들었다고 했다.

DAY 27 SPRINGVILLE

버펄로에서 워싱턴으로

어제 저녁 일찍 잠자리에 들어 아침 5시경 일어났다.
소화불량은 나아지고 6시가 넘어도 팀원들이 일어나지 않아 호스텔 주방에 가서 라면을 끓여 간단한 식사를 했다.

8시 조금 넘어 버펄로 숙소를 출발하였는데 워싱턴 D.C.로 가는 길을 차에 장착된 내비게이션과 핸드폰 구글 맵에서 서로 다르게 안내하고 있었다.
지금까지는 대개 내비게이션을 보고 운전을 하였는데 이번에는 핸드폰의 구글 맵이 안내하는 대로 가보기로 했다.

나중에 워싱턴 숙소에 오후 6시경에 도착하여 보니 가장 최단코스로 안내하여 지방 시골길, 산길 등을 거쳐서 오느라 고속도로로 돌아서 오는 것보다 시간이 더 많이 소요되었다.

고속도로를 벗어나 219번 지방도로에 들어서서 조금 가니 뉴욕주 스프링빌Springville이라는 조그만 마을에 도착했다.
차에 기름을 넣고 근처 버거킹 식당으로 가서 햄버거, 판케이크 등으로 아침 식사를 하였는데 필자는 아침을 두 번이나 드는 날이 되었다.
식사를 마치고 신용카드로 결제를 하려고 주인에게 카드를 건넸으나 여러번 시도하여도 결제가 되지 않았다.
식당 주인에게 "조금 전 주유소에서 결제한 카드인데 왜 안 되는지 모르겠다."고 하니 주인은 계산기결제시스템에 문제가 있는 것 같다고 하며 "식사대는 무료No Payment, Free!"라고 시원스럽게 말했다.
공짜 아침 식사 후 좁은 산길을 따라 천천히 남쪽으로 내려가며 고즈넉한 작은 마을들의 아름다운 경치를 감상했다.

점심은 펜실베이니아주 타이론Tyron의 버거킹 식당에서 모차렐라 스틱치즈튀김, 프렌치 프라이 등으로 들었는데 뉴욕주나 펜실베이니아주 중소도시에는 버거킹 식당의 체인점이 많은 것 같았다.
펜실베이니아주와 메릴랜드주를 거쳐 워싱턴으로 들어갔는데 퇴근시간이 가까워서 그런지 교통 정체가 심했다.

워싱턴 숙소에 도착한 후 길 건너편 중식당에서 부페식으로 저녁을 푸짐하게 들고 돌아 왔는데 바로 천둥, 번개를 동반한 비가 내렸다.

아침에 늦게 출발하였거나 중도에 다른 곳을 들렸다면 빗속에 워싱턴 시내에 진입하느라 고생하였을 것이란 생각이 들었다.

DAY 28 WASHINGTON, D.C.

워싱턴 시내에서의 하루

하루 동안 미국의 수도 워싱턴 D.C.의 주요 역사 관광지를 돌아보는 날이었다.

아침 8시 30분에 제일 먼저 간 곳은 2018년 5월 22일에 개관한 "주미 대한제국 공사관"이었다.

그러나 10시에 문을 연다고 하여 백악관 근처 빌딩 지하에 주차를 하고 백악관The White House으로 향했다. 미국 대통령의 관저이자 집무실인 백악관은 1800년에 완공되어 제2대 대통령인 존 애덤스부터 현 조 바이든 대통령까지 220년간 세계의 주목을 받고 역사적인 결단이 많이 내려진 곳이다.

• 백악관(남쪽)

백악관을 배경으로 방송국 기자들이 리포트를 하는 모습을 많이 보았기에 우리에게도 익숙한 건물이다.
1812년 영국과 제2차 독립전쟁 때 불에 탄 관저를 재건하면서 건물 외벽을 흰색으로 칠하여 이때부터 백악관이라 부른다고 한다.

마침 백악관 울타리 교체 공사를 하고 있어 출입구를 막아놓고 있었다. 북쪽 라파에트공원과 남쪽 프레지던트공원에서 백악관을 배경으로 사진을 찍고 워싱턴기념탑The Washington Monument으로 갔다.
미국 초대 대통령인 조지 워싱턴을 기념하기 위해 1885년에 화강암과 대리석으로 완공한 이 기념탑은 169m의 높이로 워싱턴 D.C.의 대표적인 랜드마크 중 하나이다. 이 탑 완공 시 세계에서

• 워싱턴기념탑

• 제퍼슨 기념관과 타이들 베이슨 호수

가장 높은 건축물이었다고 하는데 워싱턴 D.C.의 행정구역 안에서는 이 탑보다 높은 건물을 세울 수 없다고 한다.
전망대에 올라 시내를 내려다 볼 수 있다고 하나 내부수리 공사로 닫혀 있어 아래에서 올려다 본 후 서쪽에 있는 링컨기념관으로 향했다.

링컨기념관 가는 길 왼쪽 타이들 베이슨 호수 건너편에 있는 둥근 원형 돔 형태의 토마스 제퍼슨 기념관이 아름다워 발걸음을 멈추고 감상했다.
미국 독립선언서의 기초를 만들고 제3대 대통령인 제퍼슨의 탄생 200주년을 기념해 1943년에 세운 기념관이다. 인근 포토맥

공원에는 3월 말 4월 초에 벚꽃축제가 열려 주민들과 관광객으로 붐빈다고 한다.

호수를 뒤로하고 조금 가니 "한국전 참전용사 기념공원Korean War Veterans Memorial"이 눈에 들어왔다.
동그란 모습의 추모 인공연못과 우의Pancho를 입은 19인의 군인들이 삼각형의 대오를 형성하여 전진하는 모습을 스테인리스 스틸로 제작하여 세워놓고 있었다.
연못 곁에 있는 벽에는 "FREEDOM IS NOT FREE자유는 공짜가 아니다"라는 글이 새겨져 있고 이 벽 앞쪽에는 미군과 유엔군의 사망, 실종, 포로, 부상자 숫자가 각각 새겨져 있었다.

• 한국전 참전용사 기념공원(전면)

• 한국전 참전용사 기념공원(후면)

19인의 군인들 동상 맨 앞쪽에는 영어로 “알지도 못했던 나라, 만나 본 적도 없는 사람들을 수호하라는 나라의 부름에 응답한 우리의 아들과 딸들에게 경의를 표합니다.”라고 적혀 있었다.
우리나라를 지키기 위해 사망한 미군을 포함한 유엔군38천여 명의 명복을 빌며 잠시 묵념을 했다.

2021년 3월에 추모의 연못 주위에 전사 미군36천여 명과 미군 배속 한국군7천여 명의 명단을 새길 “추모의 벽” 설치공사가 시작되었는데 2022년 8월에 완공할 예정이라고 한다. 소요경비 2,200만 달러는 한국 정부에서 지원했다고 한다.

한국전 참전용사 기념공원 오른쪽에 그리스 아테네의

파르테논신전을 본떠 36개의 대리석 기둥을 토대로 세운 링컨기념관Lincoln Memorial으로 갔다.

기념관 중앙에는 미국 제16대 대통령인 에이브러햄 링컨Abraham Lincoln을 조각한 5.8m 높이의 대리석 좌상이 있었다.

앞에서 올려다보니 권위와 위엄 있는 모습에서 미국의 힘과 정신을 느낄 수 있었다. 조각상의 왼쪽 벽에는 "국민의, 국민에 의한, 국민을 위한 정치the Government of the People, by the People, for the People라는 유명한 말을 남긴 게티즈버그 연설, 오른쪽 벽에는 대통령 재선 취임사의 일부가 새겨져 있었다.

기념관 밖으로 나오니 시야가 확 트인 앞쪽으로 연못, 워싱턴기념탑, 국회의사당 등이 펼쳐져 있었다.

• 링컨기념관

링컨기념관 앞 전경(워싱턴기념탑, 국회의사당 등이 보인다)

링컨기념관 앞은 대중집회가 자주 열렸던 장소인데 1963년에 마틴 루서 킹Martin Luther King Jr. 목사가 이곳에서 “나에게는 꿈이 있습니다.I have a dream”라는 연설을 한 곳으로도 유명하다.
링컨기념관을 나와 워싱턴 D.C. 중심가를 순환하는 무료 셔틀버스를 타고 국회의사당 앞쪽으로 가서 내렸다.
국회의사당을 배경으로 사진을 찍은 후 점심을 들기 위해 다시 셔틀버스를 타니 유니언 스테이션Union Station 앞이 종점이었다.

로마의 신전을 연상시키는 웅장한 건물인 유니언역 지하로 내려가니 식당들이 즐비하게 들어서 있었다.
일식당에서 새우, 연어 데리야끼양념구이로 점심을 들고 주미 대한제국 공사관으로 갔다.

• 국회의사당

• 주미 대한제국 공사관

백악관에서 동북쪽으로 1.5km 정도 떨어진 로건 서클에 있는 이 3층 건물은 1889년부터 16년간 조선 외교활동의 중심지이었으나 1905년 을사늑약으로 문을 닫았었다. 공사관 개설 당시 원형이 그대로 보존되어 있어 2012년 한국 정부가 매입하여 복원한 후 113년 만인 2018년에 박물관으로 개관했다고 한다. 1893년에 찍은 사진 2장을 유추하여 최대한 당시를 재현해 놓았다고 한다. 젊은 여성 도슨트Docent 박물관, 미술관의 해설사의 설명을 들으며 3층 전체 내부를 둘러보니 타임머신을 타고 100여 년 전으로 돌아가 있는 것 같았다. 관람을 마치고 방명록에 아래와 같은 글귀를 남겼다.

• 주미 대한제국 공사관 내 태극기 앞에서

주미대한제국공사관! 잘 복원하심에 감사드립니다.
대한제국의 자주독립의 정신을 이어받아
세계에서 손꼽는 강국으로 발전하는
대한민국이 되기를 기원합니다.

2019. 8. 7
김춘석, 장이순, 홍찬국, 김근수

공사관을 나와 차 있는 곳으로 가니 윈도우 부러쉬에 주차위반 고지서가 붙어 있었다. 이곳에 와서 공사관 주위를 두 바퀴나 돌았으나 주차할 공간이 없어 건물 우측 샛길가에 주차한 것이 위반이었다. 귀국한 후에 이메일을 보니 $50의 주차위반 과태료가 온라인으로 부과되어 있어 8월 21일에 납부했다.
주차위반 고지서를 떼어 가방에 넣고 마지막 방문지 알링턴국립묘지Arlington National Cemetery로 향했다.

알링턴국립묘지는 포토맥강을 건너 서쪽 버지니아주 부지245천평에 조성되어 있다.
이곳에는 미국 남북전쟁, 제1, 2차 세계대전, 한국전쟁, 베트남전 등에서 전사한 22만 5천명 이상의 참전용사들이 잠들어 있다고 한다.
국립묘지 정문을 통과할 때 쯤 비가 세차게 내려 방문자센터에 들어가 전시물을 보며 비가 그치기를 기다렸으나 약하게 계속 내렸다. 우비를 입고 이곳에서 가장 유명한 존 F. 케네디John F. Kennedy 대통령 묘소까지 다녀 오기로 했다.
묘소로 올라가는 길 양쪽 푸른 언덕에 수많은 하얀 비석들이 줄지어 서 있었다. 이를 보며 국가와 민주주의를 지키기 위해 목숨을 바친 이 분들의 고귀한 희생이 세계 제일 강대국 미국의 원동력이라고 생각했다.
케네디 대통령 묘소에 가니 대통령과 부인 잭클린 여사, 그 좌우측에 태어난지 3일 만에 죽은 아들, 사산한 딸 등의 무덤이 나란히 자리하고 있었다. 이들 묘 앞에는 일년 내내 꺼지지 않는 영원의 불이 비가 내리는데도 계속 타오르고 있었다.

• 알링턴국립묘지

묘소 앞에서 잠시 묵념한 후 방문자센터로 천천히 내려왔다.

비가 내리지 않았으면 위병들이 24시간 지키는 무명용사의 묘,
가장 높은 곳에 위치한 알링턴 하우스 등을 돌아보았을 텐데
아쉬움이 많았다.
워싱턴 D.C.를 제대로 관광하려면 백악관과 국회의사당을 사전에
예약하여 내부를 구경하는 것이 먼저이다.
또한 시간이 되면 스미스소니언협회 산하의 국립항공우주박물관,

국립자연사박물관을 비롯한 박물관, 미술관 등을 관람하여야 하나 다음 기회로 미룰 수밖에 없었다.

DAY 29 PHILADELPHIA

워싱턴을 떠나 자유의 종을 보고 뉴욕으로

드디어 미국 여행의 마지막 방문 도시 뉴욕New York으로 가는 날인데 시간 여유가 있어 도중에 있는 필라델피아Philadelphia의 자유의 종Liberty Bell을 보러 가기로 했다.
워싱턴에서 95번 주간 고속도로Inter-state Highway를 타고 북쪽으로 가다가 필라델피아에서 고속도로를 나와 시내로 들어갔다. 그러나 시청 앞에서 극심한 교통 체증으로 40여 분을 도로위에 갇혀 있었다.
시청 뒤쪽 미국 독립 국립역사공원 지하에 차를 주차하고 독립기념관을 보러갔는데 미리 투어 신청을 한 사람들만 입장이

· 필라델피아 미국 독립기념관 앞 홍 국장

가능하였기에 건물 옆에서 사진만 찍었다.
독립기념관Independence Hall은 1776년 7월 4일 13개 식민지 대표들이 모여 독립선언문을 채택한 곳이다. 이에 더하여 1787년 9월 17일에는 미국 헌법을 통과시킨 곳이기도 하다.
그렇기에 이 건물은 "미국의 탄생지"로 국민들이 많이 방문하는 명소가 되었다.

사진을 찍은 후 리버티 벨 센터Liberty Bell Center로 갔다.
이 건물 제일 안쪽에 전시되어 있는 '자유의 종'은 세계에서 가장 유명한 종이다. 1751년 영국 런던에서 만들어져 펜실베이니아 의사당현재 독립기념관 종루에 걸려 있었는데 1776년 7월 8일 이곳에서

- 필라델피아 자유의 종

미국 독립 선언이 공포되었을 때 이 종을 쳐서 축하했다고 한다. 1839년 노예해방론자들이 이 종을 '자유의 종'이라고 부르기 시작하였으며 1846년 조지 워싱턴 대통령의 탄생일에 치다가 균열이 생겨 6년 후 철거했다고 한다.
자유의 종이 금이 간 것을 바라보며 미국이 자유와 독립을 얻기 위한 투쟁에서 생긴 '영광의 상처'라는 생각이 들었다.

자유의 종을 본 후 방문자센터 바로 옆에 있는 국립헌법센터National Constitution Center로 갔다. 국립헌법센터는 2003년에 완공한 세계 최초의 헌법 박물관으로 미국 초기의 중요한 인물들과

• 필라델피아 국립헌법센터 사이너스 홀에서

사건, 정부기관과 헌법의 역사, 대통령과 선거 등의 관련 자료를 전시하고 있었다.
2층 사이너스 홀Signer's Hall에 독립선언서에 서명한 수십 명 주요 인사의 실물 크기 동상들을 세워놓은 것은 아주 인상적이었다.

필라델피아 관광을 마치고 다시 95번 고속도로로 진입하여 뉴욕으로 향했다.
얼마를 달리다 보니 고속도로에서 벗어나 가고 있는 것을 알게 되었다. 고속도로는 우측으로 굽어 있었는데 직진하여 인근 도시 시내로 들어가고 있었다. 한적한 갓길로 빠져 내비게이션에 다시 뉴욕 숙소 인근 건물 퀸즈플러싱병원Queens Flushing Hospital을 입력하고 고속도로로 재진입하였는데 시간이 많이 지체되었다. 이때도 차에 달린 내비게이션과 핸드폰 구글맵에서 서로 다르게 안내하여 차를 운전하던 김 사장이 헷갈린 것 같았다.

뉴욕의 숙소는 한인텔 "뉴욕 엔젤하우스Angel House"이었는데 주소를 알려주지 않아 퀸즈 노던 블러바드Northern Blud.로 가다가 발견한 한식당금강산에 가서 저녁을 들며 숙소에 전화를 걸어 주소를 확인하기로 했다. 금강산 식당에서 숙소에 전화를 두 번이나 하였는데 예약된 것이 없다고 하며 주소를 알려주지

• 뉴욕 퀸즈에 도착하여 발견한 한식당 "금강산"(저녁을 들고 숙소 주소 확인을 함)

않았다.
저녁은 홍 국장이 낸다고 하며 소고기갈비, 소주 등을 시켰으나 피곤하고 숙소 주소를 확인하지 못하여 신경이 예민해져서 고기를 들면 소화가 안 될 것 같아 밥과 된장찌개만으로 저녁을 들었다.

저녁 식사가 끝나갈 때 쯤 숙소에서 전화가 와서 6개월 전에 한인텔을 통하여 예약한 것을 미처 확인하지 못하여 죄송하다고 하며 주소를 알려 주었다. 식사 후 내비게이션에 주소를 입력하고 숙소를 찾아갔다.
주인 성 사장은 미안하다고 큰 페트병 소주 반 정도와 막걸리 한 페트병을 내놓고 안 주인 모니카 사장은 계란후라이 10개를 안주로 준비해 주셨다.
맥주잔으로 소주 반 잔과 막걸리 한 잔을 들고 3층 방으로 올라가자마자 긴장이 풀려서인지 바로 꿈나라에 빠져들었다.

DAY 30 NEW YORK CITY

뉴욕 맨해튼에서의 하루

세계의 상업, 금융, 문화의 중심지인 뉴욕 맨해튼의 명소를 찾아가는 날이었다.
숙소 엔젤하우스 성 사장께서 지하철역 7호선, Flushing Main Street까지 데려다주셨다. 인근 한식당 산수갑산에서 해장국으로 아침 식사를 하고 지하철을 탔다. 중간에 1호선으로 한 번 갈아타고 맨해튼 남단 배터리공원 인근 사우스페리역에서 내려 "자유의 여신상" The Statue of Liberty을 보러 갔다.

뉴욕뿐만 아니라 미국의 상징이라고 할 수 있는 자유의 여신상은

뉴욕 자유의 여신상

대서양에서 뉴욕 항구로 들어오는 허드슨강 입구의 리버티섬에 세워져 있다.
이 조각상은 1886년 프랑스가 미국 독립 100주년을 기념하여 선물한 것이라 한다. 오른손에는 자유를 상징하는 횃불을, 왼손에는 미국 독립선언서를 들고 있다. 높이는 46m이고 받침대까지 하면 지면에서 93.5m나 된다고 한다.
리버티섬에 가는 유람선을 타기 위해 티켓 매표소로 갔는데 대기하는 줄이 너무 길어 한참을 기다려야 했다.
뉴욕 제일의 명소이고 여름 휴가철이라 그런지 이층 유람선이 계속 운항하는데도 대기줄이 좀처럼 줄어들지 않고 있었다.
리버티섬에 도착하여 자유의 여신상 주위를 한 바퀴 돌며 여신상을 여러 각도에서 감상했다. 중간에 맨해튼 고층빌딩들의 스카이 라인을 배경으로 사진도 찍었다.
1990년에 왔을 때는 세계무역센터 쌍둥이 빌딩이 대표적인 고층빌딩이었으나 2001년 9.11 테러로 무너져 내렸다. 이후 2014년에 더 높게 새로 지은 원 월드 트레이드 센터One World Trade Center가 그 자리에 우뚝 솟아 있었다.

자유의 여신상을 건물 내부에서 올라갈 수 있으나 미리 예약이 필요하기에 포기하고 맨해튼으로 돌아오는 길에 엘리스섬Ellis Island에 잠깐 들렀다.
엘리스섬은 1892년부터 1954년까지 미국으로 오는 이민자들이 입국심사를 받던 곳으로 입국심사장이 있던 붉은색의 벽돌 건물을

• 뉴욕 리버티섬에서 맨해튼을 배경으로

이민박물관으로 꾸며놓았다.
아메리칸 드림을 꿈꾸며 입국한 사람들과 심사 관련 사진들, 이민자들의 의복과 가방 등을 전시하고 있었다.
전시품들을 보며 그 당시 이민자들과 그 자손들이 실제로 아메리칸 드림을 얼마나 실현하였는지 궁금해지기도 했다.

맨해튼으로 돌아와서 가까이에 있는 타임스 스퀘어Times Square에 갔다.
타임스 스퀘어는 브로드웨이와 세븐스 애비뉴가 교차하는 일대를 말한다. 이곳은 공연장, 극장, 상점, 음식점, 술집 등이 즐비하여 미국에서 가장 번화하고 분주한 곳 중에 하나라고 한다. 특히 세계에서 가장 비싼 광고료를 자랑하는 원 타임스 스퀘어 빌딩의 광고 전광판은 수많은 관광객들이 찾는 명소로 알려져 있다.
이곳에 우리나라 대기업인 삼성, LG, 현대자동차 등이 광고를 하고 있다는데 참으로 대단하다는 생각이 들었다.
또한 이 타임스 스퀘어에서 매년 12월 31일에는 새해맞이 행사인 "볼 드롭"이 1907년부터 열리는 것으로 유명하다. 이날 오후 6시부터 각종 공연 등이 진행되다가 자정이 되기 1분 전에 원 타임스 스퀘어 빌딩에 있는 거대한 공이 카운트 다운과 함께 내려오며 새해가 시작되는 것을 알린다.
이 공연 무대에 2012년에는 "강남스타일"의 가수 "싸이"가, 2019년에는 "방탄소년단BTS"이 공연했다.
타임스 스퀘어에 있는 건물의 현란한 간판들, 차량과 인파로

• 뉴욕 타임스 스퀘어 번화가

가득한 거리 풍경 등을 한참 동안 구경했다.

인근 맥도널드 식당에서 점심을 들고 엠파이어 스테이트 빌딩Empire State Building으로 향했다.
엠파이어 스테이트 빌딩은 오전에 본 자유의 여신상과 함께 뉴욕을 대표하는 랜드마크로 높이 381m, 102층의 건물이다. 이 빌딩은 1931년 완공된 이래 1971년 세계무역센터가 생길 때까지 41년간 세계에서 가장 높은 빌딩이었다.
60여 년 전 초등학교 교과서에서 뉴욕 마천루摩天樓 Skyscraper : 초고층 사무실용 건물의 대표 건물로 배운 기억이 생생하게 떠올랐다.
86층 야외 전망대에 오르니 사방으로 맨해튼의 고층빌딩들이 눈앞에 펼쳐져 있었다. 바둑판 같이 구획된 도로에 줄지어 선 고층빌딩들을 보니 뉴욕이 세계에서 제일 큰 도시라는 것을 실감했다.
남쪽으로는 세계 금융시장의 중심가인 월 가Wall Street 주위에 밀집되어 있는 빌딩들과 그 뒤쪽으로 리버티섬의 자유의 여신상도 보였다.

엠파이어 스테이트 빌딩에서 나와 마지막 방문지인 세계무역센터World Trade Center의 9.11 추모공원(9.11 Memorial Park)으로 갔다.
2001년 9월 11일 이슬람 테러단체(알 카에다)가 항공기 4대를 납치한 후 110층(417m)인 세계무역센터 쌍둥이 빌딩에 2대를 충돌시켜 이

· 뉴욕 엠파이어스테이트 빌딩
(© Axel Tschentscher)

• 원 월드 트레이드 센터
(© Pedro Szekely)

두 빌딩을 붕괴시킨 사건을 9.11테러라고 한다. 이 테러로 사망 또는 실종된 희생자가 2,996명세계무역센터 : 2,606명이나 되었다.
쌍둥이 빌딩이 있었던 바로 그 자리를 그라운드 제로Ground Zero라고 부른다.
이곳에 두 개의 웅덩이North Pool, South Pool를 만들어 항상 물이 폭포처럼 흘러내리게 하는 추모공원을 만들어 놓았다.
웅덩이 테두리에는 희생자들의 이름이 새겨진 동판이 폭포를 둘러싸고 있었다. 몇몇 동판 이름 위에는 성조기나 장미꽃이 놓여있는 것을 보니 9.11 테러가 일어난 지 18년이나 지났지만 그 희생의 아픔은 아직도 가시지 않은 것 같았다.
9.11 추모공원 옆에는 2014년에 104층, 541m 높이의 원 월드 트레이드 센터One World Trade Center를 완공하여 미국에서 제일 높은 빌딩이란 지위를 유지하게 했다고 한다.
9.11 추모공원을 내려다 보고 원 월드 트레이드 센터를 올려다 보며 9.11 테러의 아픔을 극복하는 미국의 정신과 의지를 확인할 수 있었다.

· 뉴욕 맨해튼 그라운드 제로의 9.11 추모공원

★ ★ ★ ★ ★ ★
DAY 31 LONG ISLAND

뉴욕 대서양 해변과 한국전 참전 기념비

다음 날 귀국하기에 미국 여행의 마지막 날이었다.
원래 계획은 맨해튼의 유엔본부, 센트럴 파크, 메트로폴리탄미술관 등을 보러 가는 것이었다.
그러나 숙소 성 사장께서 오전에 롱 아일랜드 대서양 해변가를 둘러보고 오후에는 대형상가에서 쇼핑하는 것을 안내해주신다고 하여 이를 따르기로 했다.

롱 아일랜드섬 존스 비치 주립공원Jones Beach State Park 바닷가에서 대서양 수평선을 바라보고 있자니 샌프란시스코 금문교 근처에서

• 롱 아일랜드섬 존스 비치 주립공원

태평양을 마주한 후 한 달간 쉼없이 달려왔던 여정이 기억 속에 파노라마처럼 펼쳐졌다.
해변 모래사장에는 뉴욕과 인근 도시에서 온 인파로 가득했다. 그들은 번잡한 일상생활에서 벗어나 가족, 친구들과 피서를 와 일광욕, 수영, 게임 등을 즐기고 있었다.

미국 여행의 마지막 일정을 거의 마무리하며 바닷가를 천천히 걸으니 그동안 쌓였던 긴장과 피로가 대서양 파도 속으로 풀려

들어가는 것 같았다.

시내로 들어오는 길에 성 사장이 퀸즈 키세나파크Queens Kissena Park에 세워져 있는 한국전 참전기념비Korean War Memorial에 들르자고 하여 그곳으로 향했다.
이 청동상 기념비는 2007년에 뉴욕 한인들이 밀집해 살고있는 퀸즈 플러싱Queens Flushing 지역인 이 공원에 세웠다고 한다.
중앙에는 총을 든 군인 동상이, 뒤편에는 들것을 운반하거나 전투하는 5명의 군인들의 모습을 조각해 놓고 있었다.

또한 기념비에는 “The Forgotten War잊혀진 전쟁”란 문구가 전면에 새겨져 있고 뒷면에는 퀸즈 지역 출신의 한국전쟁 중 전사자 172명의 이름이 새겨져 있었다.
한국전쟁은 제2차 세계대전과 베트남전 사이에 끼어 있어 사람들의 기억 속에 자리잡지 못했기 때문에 ‘잊혀진 전쟁’이라 부른다고 한다.
꽃다운 나이에 우리나라를 위해 목숨을 바친 전사자들의 고귀한 희생에 고개 숙여 명복을 빌었다.

점심을 한국인이 운영하는 중식당삼원각에서 탕수육, 짜장면, 짬뽕 등으로 배불리 들고 대형마트인 코스트코Costco로 갔다.
팀원들이 가족, 형제 등에게 줄 선물을 구입하였는데 필자도 건강식품인 크릴오일, 커피원두, 견과류 등을 몇 개씩 구매했다.

• 뉴욕 퀸즈 한국전 참전기념비 앞에서

귀국 선물 쇼핑을 마치고 한국인 상점가에서 생선 모듬회와 막걸리를 사가지고와 파티를 했다.

큰 사고 없이 한 달간의 여행을 잘 마친 것을 자축하는 자리였다.

★ ★ ★ ★ ★ ★
DAY 32 INCHEON

뉴욕을 떠나 인천공항으로

아침에 일어나니 숙소 안주인이신 모니카께서 아침상을 준비해 놓고 계셨다.

모니카 사장님은 고향이 경기도 이천시설성면 장천리인데 필자의 고향 여주시가 바로 옆 도시이고 또한 외가댁이 있는 설성면 신필리가 인접한 마을이었다.

모니카께서 우리들이 고향에서 왔다고 그동안 신경을 많이 써 주셨는데 특별히 차려준 닭볶음탕, 고등어구이, 호박전, 된장찌개 등으로 아침을 아주 잘 들었다. 필자는 귀국하면 고향에 살고 계신 모니카의 오빠를 찾아뵙겠다고 약속을 하고 아쉬운 작별 인사를 했다.

존 F. 케네디 공항에서 렌트카를 반납하고 귀국행 비행기에 올랐다.

여행을 마친 다음 해 추석 때 외숙모댁을 방문한 후 여주로 오는 길에 모니카 오빠 댁을 찾아갔다. 오빠분이 반갑게 맞아주어 뉴욕 소식을 전하고 대화를 나누었다. 오빠와 함께 찍은 사진과 모니카께서 다닌 장천 초등학교 전경 사진을 찍어 카톡으로 뉴욕 모니카께 보내드렸더니 무척 고마워하셨다.

부록

시베리아 횡단 열차 여행

시베리아 횡단 철도

한 달간의 미국 횡단 여행을 마치고 나니 자신감이 생겨 또 하나의 버킷리스트인 시베리아 횡단 열차 여행을 가고 싶어졌다.
시베리아 횡단 철도는 모스크바와 블라디보스토크를 잇는 동서 횡단 철도로 그 길이가 9,288km에 달하는데 지구를 4분의 1바퀴나 돌 수 있는 거리이고 서울-부산 간 거리의 22배가 넘는다. 열차에서 내리지 않고 달리면 6박 7일이 걸리며 달리는 동안 일곱 번이나 시간대가 바뀐다.
러시아는 태평양에 부동항을 구축하고 시베리아의 모피, 광물 등을 운송하기 위한 군사적, 경제적 목적으로 시베리아 횡단 철도를 건설했다. 이 철도 건설공사는 1891년 착공하여 25년만인 1916년에 완공되었다. 공사가 착공되기 전 모스크바에서 우랄산맥 부근도시 예카테린부르크, 옴스크 등까지는 이미 철도가 부설되어 있어서 사실상 시베리아 횡단 철도 건설은 우랄산맥에서 블라디보스토크를 연결하는 공사이었다.

이번 여행에서 탑승한 열차는 블라디보스토크에서 출발하여 모스크바 야로슬라브스키 역에 도착할 때까지 총 63개 역에서 정차했다. 각 역 정차 시간은 1, 2분에서 41분까지 다양하였고 30분 이상 정차하는 역도 8개 역이나 되었다.
시베리아 횡단 열차의 객실좌석 종류은 세 종류로 구분된다.
첫째, 2인 1실룩스은 1등석으로 밀폐형 객실이며 1실에 침대가 객실 문 좌우로 2개가 있다. 둘째로 4인 1실쿠페은 2등석으로 밀폐형 객실로 1실에 2층 침대가 객실 문 좌우로 있다.
셋째, 6인 1실플라츠카르타은 3등석으로 개방형 객실이며 가운데 통로 양쪽으로 2층 침대가 이어져 있다.
열차 각 객실의 앞쪽에는 화장실이 있고 뒤쪽에는 차장실, 매점차장이나 역무원이 간식거리 판매, 온수기24시간 뜨거운 물 공급 등이 있다.
차장실 문 앞에는 열차 시간표기차역 별 도착 시각, 정차 시간, 출발 시각가 붙어 있으며 식당칸은 열차의 거의 맨 뒤쪽에 있다.

시베리아 횡단 열차 여행 예약과 사전 준비

여행 예약

여행을 가기로 계획하며 러시아어를 모르기 때문에 관광여행사의 단체여행 상품 중에서 골라서 가기로 하고 네이버에 "시베리아 횡단 열차 여행"을 입력하여 검색했다.

관광여행사에서 올려놓은 상품들은 거의 시베리아 횡단 열차의 일부 구간을 탑승하는 것으로 블라디보스토크에서 출발하여 하바로프스크까지1박 2일, 또는 이르쿠츠크까지3박 4일 탑승하는 것이었다.

블라디보스토크에서 모스크바까지6박 7일 가는 상품은 하나투어의 9박 11일 일정의 한 상품만 있었다. 2020년 1월 1일에 출발하여 1월 11일 인천공항으로 돌아오는 일정이었다.

그런데 재미있는 것은 이 상품을 홍보하며 "시베리아 횡단 열차 낭만 없음

개고생 11일 -> 4인 1실 쿠페", "가이드가 없습니다", "인솔자가 동행하지 않습니다"라고 안내하고 있었다.
하나투어에 전화하여 예약하며 "개고생이라고 하면 여행하려고 하던 고객도 안 갈 것 아닌가요?"라고 물으니 "이 여행상품을 선택하는 고객은 고생을 각오하라는 메시지를 전달하기 위해서 그렇게 한 것입니다"라고 답했다.
11월 20일 하나투어에 168만 6,530원을 입금하여 여행계획을 확정했다.
이 여행은 블라디보스토크에서 1박, 시베리아 횡단 열차에서 6박, 모스크바에서 2박, 귀국 비행기에서 1박 등으로 총 9박 11일이 되었다.
12월 27일에는 모스크바 아지무트 호텔에서 2일간 2인 1실 기준 요금인데 합숙할 여행객이 없어 독방을 사용하는 추가 비용싱글 차지 31만 원을 여행사로 보냈다.

여행 사전 준비

러시아 입국비자는 필요하지 않고 입국 시 공항에서 흰색 출입국카드를 발급하여 입국용은 보관하고 출국용은 입국자에게 주어 차후 출국 시 반드시 제출하도록 하고 있다.
우선 러시아에서 사용할 현지 화폐 루블화를 성남 야탑역 옆 KEB하나은행에서 9,950루블Rub을 환전하였는데 환율은 1루블에 약 20원이었다.
그리고 이 은행 서쪽에 있는 킴스클럽에 가서 열차를 타고 가며 먹을 통조림소고기 장조림, 콩장, 참치, 명태 볶음, 멸치볶음, 볶은 고추장, 김치, 절인 깻잎, 더덕장아찌 등과 견과류아몬드, 땅콩 등, 쥐치포 등을 구입했다.
여기에 추가하여 마을 수퍼마켓에서 컵라면, 햇반, 누룽지, 김 등도 준비했다.
한겨울에 러시아를 가기 때문에 두꺼운 내복, 모자, 장갑, 목도리 등도 챙겨서 가방과 배낭에 넣었다.

노르웨이
스웨덴
핀란드
헬싱키
에스토니아
상트페테르부르크
라트비아
리투아니아
도착
야로슬라블
민스크
벨라루스
블라디미르
키로프
모스크바
(야로슬랍스키역)
니즈니
노브고로드
카잔
키이우
페름
예카테린부르크
튜멘
우크라이나
옴스크
바라빈스크
노보시비르스크
누르술탄
카자흐스탄
조지아
트빌리시
튀르키예
아르메니아
아제르바이잔
바쿠
우즈베키스탄
비슈케크
타슈켄트
투르크메니스탄
키르기스스탄
아시가바트
이라크
바그다드
테헤란
두샨베
타지키스탄
이란
카불
아프가니스탄
이슬라마바드
쿠웨이트
사우디 아라비아
카타르
인도
아랍 에미리트
파키스탄
뉴델리
네팔

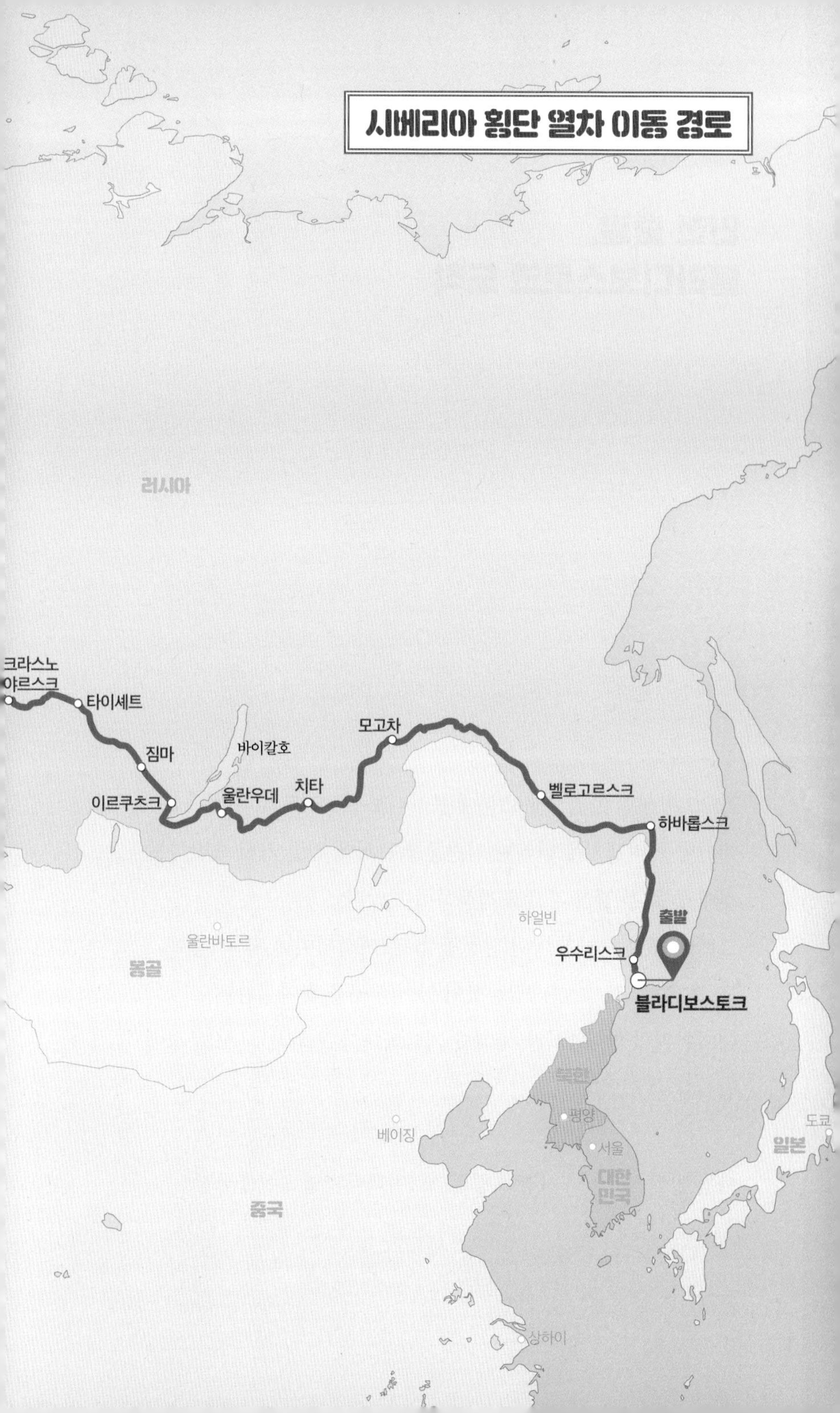

시베리아 횡단 열차 이동 경로
러시아
크라스노
야르스크
타이셰트
짐마
바이칼호
이르쿠츠크
울란우데
치타
모고차
벨로고르스크
하바롭스크
출발
하얼빈
우수리스크
블라디보스토크
울란바토르
몽골
북한
평양
베이징
서울
대한
민국
도쿄
일본
중국
상하이

DAY 01 VLADIVOSTOK

인천 출발, 블라디보스토크 도착

2020년 새해 아침 9시 35분에 블라디보스토크로 떠나는 대한항공 비행기를 타려면 인천공항 근처에 전날 가서 숙박하는 것이 좋을 것 같아 자료를 검색하여 보았다.
그런데 공항 근처가 아닌 인천공항 제1여객터미널 지하 1층에 "스파 온 에어SPA on Air" 찜질방이 있어 이곳을 찾아갔는데 대기인원이 많아 1시간 30분을 기다리다가 오후 10시 50분경에 입실할 수 있었다.

아침 일찍 일어나 7시경에 공항 제2여객터미널 3층 출국장

H카운터 옆에서 하나투어 직원을 만나 여행 관련 자료를 받고 출국 수속에 도움을 받았다.

출국 직전에 여행사 직원으로부터 필자와 같은 여행을 하는 여행객 2명이 더 있다는 것을 알았다. 한 명은 나이 19세로 대학 신입생인 L군이고 또 한 명은 해사 생도인 21세의 K군인데 각자 홀로 배낭여행을 즐기는 젊은이들로 여행 중 여러 번 만나지는 못했다.

인천공항을 출발하여 2시간 40분 후에 블라디보스토크에 도착했다. 블라디보스토크 공항에서 블라디보스토크역 인근에 있는 숙소KAM Inn까지 가는 방법을 찾아야 했다.
택시 카운터에 문의하니 2명이 타면 각자 2,500루블이라 하여 버스터미널로 가보니 신년 초하루라서 시내버스들이 쉰다고 했다.
한국인 여행객 중 한 명이 나서서 봉고차 기사와 협상을 하더니 10명이 1인당 400루블에 가기로 하여 이에 동참했다.

그러나 봉고차 승차 전 배낭을 지고 있지 않은 것을 알았다. 여행 짐이 여행 가방캐리어, 배낭, 컵라면 박스 등 3개이었는데 공항 건물 앞에서 버스 번호 확인을 하고 나서 문 앞쪽에 가까이 있는 두 개만 들고 온 것이었다.
허겁지겁 공항 문쪽으로 달려가 보니 배낭이 문 앞에 놓여 있었는데 한 여성분이 지키고 있다가 러시아어?로 몇 마디 꾸짖고 나서 가 버렸다. 배낭을 둘러메고 급히 봉고차로 돌아왔는데 맥이 탁 풀렸다. 해외여행 시에는 짐 숫자를 가능한 줄이는 것이 좋다는 것을 절실히 느꼈다.

봉고차 기사에게 미리 숙소 약도를 보여주었더니 몇 군데를 돌고 나서 숙소 문 앞까지 데려다주었다. 체크인하고 조금 있으니 대학 신입생 L 군이 숙소에 도착하여 인사했다.
공항에서 철도로 오려 하였으나 3시간 이상을 기다려야 해서 다른 봉고차로 왔다고 했다.

해지기 전까지 시간 여유가 있어 내일 저녁 열차를 탈
블라디보스토크역을 미리 확인하고자 나섰는데 그 직전 좌측
혁명광장중앙광장에서 2020년 신년축하 축제가 열리고 있어
그곳으로 향했다.
어린이들과 동반 어른들은 썰매장이나 놀이 시설에서 놀고 있고
일반인들은 신년축하 각종 장식물쥐 모형물, 크리스마스트리 등 앞에서
사진을 찍거나 삼삼오오 거닐고 있었다.
쥐 모형물은 2020년이 간지干支로 경자년庚子年 쥐띠의 해라서
세워놓았는데 이곳의 중국인이나 조선족 단체들이 세워놓은 것
같았다.
축제장인 혁명광장은 블라디보스토크의 심장이라 불리는 곳으로
1917~1922년 소비에트 혁명 성공을 기념해 만든 동상이 자리하고
있다. 이 광장은 1937년 조선족 동포 18만여 명을 중앙아시아

• 블라디보스토크 혁명광장 신년축하 쥐 모형물 앞 필자

카자흐스탄, 우즈베키스탄 등으로 강제이주를 시키기 위해 집합시켜 놓았던 곳이라고도 한다.

혁명광장 주위를 둘러보고 한국의 현대 그룹이 지었으나 몇 년 전 롯데 그룹에서 인수한 롯데호텔 블라디보스토크로 가서 자료팜플렛, 지도 등를 픽업한 후 숙소로 돌아왔다.

DAY 02 VLADIVOSTOK

블라디보스토크 시내에서 하루

블라디보스토크 시내를 돌아보고 오후 7시 10분에 모스크바행 열차를 타는 날이다.
블라디보스토크는 구소련 태평양함대의 최전선 기지이었기 때문에 오랫동안 외국인의 출입이 금지되었다가 1992년에 전면 개방되었다.
"한국에서 가장 가까운 유럽"으로 불리는 블라디보스토크는 최근 한국 관광객이 즐겨 찾는 도시가 되어 대형 쇼핑몰이나 시내 중심지 아르바트 거리 등에서는 한국인을 많이 볼 수 있다고 한다.
아침에 호텔 식당에 가니 한국인 모녀가 식사를 하고 있어 인사를 하고 대화를 나누었다. 어머니 생일 기념으로 시베리아 여행을 하는 중인데 오늘 저녁에 시베리아 횡단 열차로 하바로브스크까지 간다고 했다. 아침 식사 후 한국인 모녀와 함께 이곳의 관광 명소인 "독수리 전망대"까지 걸어갔다.

전망대에서 탁 트인 시야에 금각교金角橋와 그 오른쪽 러시아 해군 군함이 정박해있는 바다를 보니 그림같이 아름다운 경치에 한참을 서서 감상했다.
두 개의 교각이 승리의 "V"자 형태로 높이 솟은 금각교는 블라디보스토크의 마스코트로 2012년 APEC 정상회담 개최 직전에 완공되었다고 한다.

전망대에서 내려와 금각만金角灣 쪽으로 운행되는 언덕 열차푸니쿨라 : 편도 183m, 탑승 시간 2분를 탔다. 전차에서 내려 바닷가로 난 길을 따라 걷다가 금각교 밑으로 조금 가니 니콜라이 황태자 개선문이 올려다보였다. 러시아 마지막 황제 니콜라이 2세의 황태자 때 방문을 기념하기 위해 1891년에 세운 건축물2003년 복원인데 우아하고 멋있었다.

이 개선문 아래 제2차 세계대전 희생자 추모를 위한 "영원의 불꽃"과 사도 성 안드레아 소성당을 보고 나서 옆에 있는 "C-56 잠수함 박물관" 안으로 들어갔다.
마침 러시아 해군 병사들이 방문하여 가이드해설자의 설명을 듣고

· 블라디보스토크 독수리 전망대에서 본 금각교와 해군 함정(오른쪽 중간)

있었다. 이 박물관은 제2차 세계대전에서 독일 군함 10척 이상을 침몰시킨 전설적 잠수함으로 육상에 올려 박물관으로 만들었다고 한다.

박물관 앞쪽은 잠수함 관련 사진, 해군 제복, 포스터와 흉상 등을 전시해 놓았고 뒤쪽은 개조하지 않은 채로 기계실, 잠망경, 침대, 어뢰와 발사관 등을 예전 모습대로 보여주고 있었다.
80여 년 전 전쟁에서 크게 활약한 잠수함 내부를 보니 실감이 났다.
오래전 TV에서 재미있게 시청한 어뢰를 발사하여 독일 함정을 침몰시키는 유명한 잠수함 전쟁 영화 "U-571 2000년 미국, 프랑스 제작"가 생각났다.

점심을 들고 모스크바의 아르바트 거리를 본떠 만든 블라디보스토크 아르바트 거리로 향했다. "예술의 거리"라고 불리는 이 거리는 바다 쪽으로 쭉 뻗어 있었고 길 양옆에는 옛 모습의 건물들에 카페, 기념품점, 음식점 등이 이어져 있었다.
길 가운데에는 분수와 벤치가 있어 여름에는 휴식 공간으로 인기가 있다고 하나 한겨울이다 보니 사람들이 별로 없었다.
흰 눈이 쌓인 바닷가 얼음 위를 산책하다가 노점상에서 손녀들에게 줄 마트료시카Matryoshka Doll : 러시아 전통 목각인형, 인형 안에 여러 개 인형이 들어 있음 두 개를 산 후 숙소로 돌아왔다.

아침에 약속한 대로 한국인 모녀와 택시 한 대를 불러

• 블라디보스토크역 옛 기관차 앞 필자

블라디보스토크역으로 갔다. 블라디보스토크역 구내에 전시해 놓은 예전 기관차 앞에서 기념사진을 찍고 열차에 올라 필자가 사용할 침대가 있는 19호 객차 5호실로 갔다.

한 객실에 2층 침대가 두 개 있는데 오른쪽 아래 침대가 필자가 앞으로 6박을 할 침대이었다.
아래층 침대는 상판을 뒤로 제쳐 소파로 쓸 수 있으며 소파 바닥을 들어 올리면 트렁크를 넣을 수도 있는 공간이 있고 침대 옆 벽면에도 간단한 물품을 넣을 수 있는 수납공간이 있었다. 아래 침대 사이 창가 쪽에 탁자가 있고 그 아래 전원 플러그를 꽂는 장치도 설치되어 있었다.

5호실 왼쪽 침대 아래와 위에는 러시아인 두 명이 먼저와 있었다. 그러나 그들이 영어를 하나도 할 줄 몰라 의사소통이 되지 않았다. 그래도 얼굴을 마주하니 반가운 표정과 악수를 하며 인사를 하고 짐 정리를 했다.

다음날 오전에야 같은 객차 8호실에 있는 대학 신입생 L군이 가져온 "이지 러시아" 책자 뒤편에 있는 부록 "상용 회화 러시아어"를 활용하여 이들의 이름과 나이, 목적지 등을 확인 할 수 있었다.
아래 침대의 러시아인은 이름이 "빅토르"이고 나이가 57세이며 모스크바까지 간다고 했다.
위 침대의 러시아인은 이름이 "지넨"이며 33세이고 다음날 저녁때 벨로고르스크에서 내린다고 했다.

오후 9시 30분경 지넨이 이층침대에서 내려와 페트병(750ml)에 담아온 맥주 두 병을 같이 들자고 했다. 아래 침대에 있는 빅토르는 맥주를 안 마시겠다고 하여 지넨과 둘이 잔을 부딪쳤다.
안주로 지넨이 땅콩을 내놓아 필자도 쥐치포, 어포 등을 꺼냈다.

시베리아 열차 객실에서는 음주가 금지되어 있고 식당칸에서만 맥주를 조금 마실 수 있도록 규정되어 있었다.
열차 여행 첫날부터 객실에서 금지된 맥주를 기분 좋게 마시고 잠자리에 들었다.

035
ЭП1

필자가 타고 간 시베리아 횡단 열차(이르쿠츠크역에서 정차 시)

★ ★ ★ ★ ★ ★
DAY 03 KHABAROVSK

러시아인들과 객실 내 파티

아침으로 컵라면 2개를 들고 조금 지나서 7시 50분경 열차가 하바로프스크역에 도착하여 30분간 정차했다.
빅토르가 플랫폼에 내려가 걷자고 하여 따라나섰다. 영하 14도 날씨에 바람도 세차게 불어 10여 분간 걷다가 차에 올랐다. 이후 모스크바에 도착할 때까지 20분 이상 열차가 정차하면 빅토르와 플랫폼을 걸어 신선한 공기를 마시고 기분 전환을 했다.

오전 10시 30분경 빅토르가 보따리에서 보드카 한 병과 수통을 꺼내더니 방문을 닫고 나서 보드카를 수통에 따라 담았다.

- 열차 내에서 파티를 열어준 빅토르(왼쪽)와 지넨

빅토르와 지넨, 필자 등 3인이 둘러앉아서 파티를 열었다.
빅토르가 건 대추, 말린감 등을, 지넨이 소시지, 땅콩 등을, 필자가 캔 참치, 어포 등을 안주로 내놓으니 훌륭한 보드카 파티 자리가 마련되었다.
돌아가며 한 잔씩 마셨는데 빅토르가 보드카를 따르다가 조금 쏟았는데 깜짝 놀라서 객실 문을 닫고 휴지로 닦고 향수도 뿌리기까지 했다. 차장에게 실내 음주가 적발될 것을 우려하여 서둘러 취한 행동이었다.
생각지도 않았던 시베리아 열차에서의 보드카 파티에 서서히 취기가 돌며 시간 가는 줄 몰랐다. 언어가 달라 의사소통을 제대로

할 수 없었지만 표정과 행동손짓, 몸짓 포함으로 즐거움과 고마움을 전달했다.
보드카 파티 후 빅토르와는 무척 친해졌다. 빅토르는 필자를 "킴 아, 킴 아"라고 부르며 정차한 기차역의 플랫폼, 대합실, 매점 등에 데리고 다녔다.

점심을 햇반과 통조림명태 볶음, 콩장으로 들었다.
열차 내에서 차장이 빌려주는 머그컵과 기념품으로 구입한 머그컵 등 2개의 컵에 햇반 하나를 반 반씩 나누어 넣고 뜨거운 물을 부은 후 3분에서 5분이 지나니 새로 한 밥을 물에 말아 먹는 것 같았다.
점심을 들고 나서 열차 뒤쪽에 있는 식당칸을 찾아갔다.
메뉴판을 보니 애피타이저Appetizer, 샐러드Salad, 주요리Main Dish : 소고기, 생선 등, 후식차, 커피 등을 들면 2만 5천 원 전후가 되었다. 준비한 음식이 충분하여 식당칸은 여행 중 한 번도 이용하지 않았다.

객차 복도에 서서 차창 밖을 보니 흰색의 자작나무 숲이 계속 스쳐 지나갔다. 오후가 되니 복도로 나와 창밖 경치를 구경하는 승객이 많아지고 자주 바뀌었다.

잠시 후 하차하는 지넨을 위해 세 명이 이별주를 따라 잔을 부딪쳤다. 오후 5시 20분경 열차가 벨로고르스크에 도착하여 빅토르와 함께 역 밖에서 기다리고 있는 지넨 자동차까지 따라가서 배웅했다. 하루도 안 되는 짧은 시간의 인연이었지만

· 차창밖 자작나무 숲

그와의 헤어짐이 아쉬웠다.

빅토르와 돌아오며 플랫폼을 걷고 나서 열차에 올랐다. 저녁은 차장이 장거리 여행 승객에게 한 번 가져다주는 치킨 파스타와 빵으로 들었다. 무리한 일정 때문인지 감기 기운이 있어 준비해온 약을 들고 오후 8시경 일찍 취침했다.

• 열차에서 6일간 경치를 구경한 복도와 창문(오른쪽은 객실)

차창 밖 굴뚝마다 연기가 피어오르는 마을

아침으로 햇반과 통조림 소고기 장조림, 소고기 볶은 고추장 을 들었다.
식사 후 차창 밖을 보니 마을의 모든 굴뚝에서 연기가 피어오르고 있었다. 주민들이 밤새 낮아진 실내 온도를 높이고 아침 준비를 하느라 나무와 석탄을 때는 것 같았다.
굴뚝들의 연기를 보니 낙엽과 나무를 때는 아궁이가 있던 집에서 살았던 옛 어릴 적 추억을 불러일으켰다. 땔감을 마련하려고 고향 친구와 뒷동산에 죽은 나무의 그루터기인 고주박을 캐러 갔던 일이 생각났다.
오전 9시 50분경 도착한 모고차역에서 빅토르와 플랫폼을 걸으려

• 차창 밖 굴뚝마다 연기가 피어오르는 마을

객실을 나섰으나 바로 포기했다. 먼저 플랫폼에 내려갔던 8호 칸의 한국인 청년 두 명이 급히 열차로 올라오며 열차 밖의 온도가 영하 32도라고 했다.
감기 기운이 심해질 것을 염려하여 빅토르와 동행하지 못했다.

그 대신 열차 복도 차창 가에 서서 연속적으로 파노라마처럼 펼쳐졌다 사라지는 풍경을 감상했다. 차창 밖 경치는 눈 덮인 산과 벌판, 언덕, 하천, 자작나무, 전나무, 마을 등이 수시로 그 모습을 바꿔가며 지나가니 지루한 줄을 몰랐다.
여행 중 버스나 기차로 이동을 하며 지루하고 따분하다고 음악 감상을 하거나 독서를 하는 여행자가 많다. 그러나 이동을 하며 창밖 새로운 자연이나 도시의 모습을 감상하고 만나는 사람들과 관계를 맺으며 지내는 것이 여행의 묘미라 하겠다.

점심으로 컵라면과 빅토르가 준 치즈2장, 사과 등을 들고 저녁은 햇반, 통조림멸치볶음, 김 등을 들었다.

오후 11시 15분에는 치타역에 열차 여행 중 가장 긴 41분간 정차하여 빅토르와 기차역 대합실에 있는 점포에 들려 구경했다. 빅토르는 냉장고에 붙이는 아름다운 경치가 그려져 있는 마그네틱 자석을 구입했다. 필자는 사과를 사고자 하였으나 빅토르가 말리더니 차에 돌아와 자기가 가져온 것에서 두 개를 주었다. 플랫폼을 20여 분 함께 걸은 후 차에 돌아와 잠자리에 들었다.

· 차창 밖 눈 덮인 산, 자작나무와 전나무 숲

DAY 05 ULAN-UDE

창밖은 눈 덮인 바이칼 호수

새벽 4시경 일찍 눈이 떠져 침대에 누운 상태로 창문 쪽 커텐을 약간 젖히고 밖을 올려다보니 은하수의 별들이 빛을 뽐내며 시베리아의 전설을 엮어가고 있었다.
아침으로 두 개의 컵에 누룽지를 넣고 뜨거운 물을 부어 불린 후 통조림콩장, 김치, 김 등과 들고 어제 빅토르가 준 사과 한 개도 들었다.

오전 8시 10분에 울란우데역에 도착하여 플랫폼에서 10여 분 걷고 차장에게 부탁하여 빅토르와 어깨동무하고 사진도 찍었다.
플랫폼의 온도계는 영하 19도를 나타내어 쌀쌀했다.

· 빅토르와 울란우데역 플랫폼에서

차에 올라 얼마 지나니 차창 밖으로 바이칼 호수가 보이기 시작했다. 차장에게 콘칩과 과자를 사서 들며 3시간여 동안 호수 구경을 했다. 열차가 눈 덮인 바이칼 호수 가를 달리니 많은 승객이 창가에 나와 호수의 아름다운 경치를 감상했다.

바이칼 호수는 "시베리아의 진주" 또는 "시베리아의 파란 눈동자"로 불리는데 길이가 636km, 평균 너비는 48km이고 면적은 3만 1,500평방 km로 한국의 3분이 1이나 되어 바다같이 넓은 호수이다.
이 호수는 최대 깊이가 1,621m로 세계에서 가장 깊으며 전 세계

민물담수의 20%가 담겨있다고 한다.

점심으로 컵라면을 들었는데 왼쪽 윗입술이 불편하여 화장실에 가서 거울을 보니 부르터 있었다. 빅토르가 필자의 부르튼 입술을 보더니 가방에서 연고를 꺼내주어 다음날까지 몇 번 바르니 나아졌다.

오후 3시 30분경 시베리아의 중심도시 이르쿠츠크역에 도착하여 빅토르와 플랫폼을 20여 분 걷고 열차 사진도 찍었다.
이르쿠츠크는 "시베리아의 파리"라고 일컬어지는데 바이칼 호수알혼섬를 연계하여 우리나라에서도 관광객이 많이 찾는

• 창밖 눈 덮인 바이칼 호수

도시이다.

1825년 12월 러시아 상트페테르부르크에서 입헌정치, 농노제의 폐지 등을 주장하며 귀족 출신 청년 장교들이 반란을 일으켰으나 곧 진압되고 130여 명이 이곳 이르쿠츠크에 유배되었다. 이들이 이르쿠츠크에서 러시아 귀족 문화의 꽃을 피우며 연극과 오페라 극장을 비롯하여 아름다운 건물들을 많이 세웠다고 한다. 저녁때 차창 밖 눈 쌓인 마을 뒤쪽으로 해가 지는 모습이 너무 멋있어 카메라에 담았다.

오후 7시 50분경에는 짐마역에 도착하여 혼자 플랫폼에서 잠시

창밖 눈 쌓인 마을 뒤로 지고 있는 해 모습

걸은 후 점포에서 맥주 2캔을 샀다. 입술 부르튼 데 바르는 연고를 준 빅토르에게 고마움의 표시로 맥주와 그가 좋아하는 구운 쥐포를 주니 감사하는 표정으로 즐겁게 마셨다.

밤 10시 지나서 남녀 두 명이 객실로 들어와 2층 침대에서 자고 다음 날 아침 크라스노야르스크역에서 내렸다.

· 창밖 설산과 얼음 언 바이칼 호수

DAY 06 KRASNOYARSK

창밖 자작나무와 전나무 숲의 행진

침대에서 일어나 창밖을 보니 아침 해가 떠오르고 있었다. 어제 본 일몰은 저녁 안개가 낀 것 같았으나 오늘 일출은 안개가 많이 걷힌 것 같아 더욱 아름다웠다.

아침을 누룽지, 통조림절인 깻잎, 김 등으로 들고 오전 8시경 크라스노야르스크역 플랫폼을 빅토르, 객실 8호실의 해사 생도 K군 등과 걸었다. 열차가 정차하면 플랫폼을 걸었는데 이날도 오후 2시경 마린스크역, 오후 7시 40분경 노보시비르스크역을 빅토르와 걷고, 오후 11시 10분경에는 혼자 바라빈스크역에서 걸었다.

크라스노야르스크역에서 러시아인 청년 두 명이 5호실에 탑승하였는데 빅토르에게 이야기 상대가 생겨 활력을 갖다주었다. 그들 세 명이 객실 왼쪽 아래 침대에 나란히 앉아 필자를 쳐다보고 대화를 나누며 가끔 웃기도 하는데 필자는 동물원 원숭이가 된 기분이었다. 두 명의 청년 중 한 명은 노보시비르스크역에서, 다른 한 명은 바라빈스크 역에서 내려 빅토르의 말 상대는 다시 없는 상태가 되었다.

복도로 나와 차창 밖 경치를 구경하는데 차장이 바구니에

• 눈 쌓인 철로 변 마을 너머 일출

• 나뭇잎에 눈이 쌓여 있는 전나무

아이스크림을 담아 가지고 와서 한 개를 사서 들며 보았다. 차장이 하루에 한두 번 무료하게 보내는 승객들에게 주전부리로 과자, 콘칩, 만두, 아이스크림 등을 판매하고 있었다.
차창 밖으로 자작나무와 전나무 숲이 계속 이어지고 눈 쌓인 벌판과 마을이 중간중간 나타났다 사라지곤 했다.

시베리아 횡단 열차를 여러 번 타본 것 같은 빅토르가 마린스크역에서 같이 가자고 하여 따라나섰더니 역 외부에 있는 대형 매점으로 찾아갔다. 빅토르는 보드카와 빵을 구입하고 필자는 토마토 쥬스를 한 팩 사 왔다.

• 5호 객차 차장과 마린스크역 플랫폼에서

열차가 출발하기 전 그동안 미소로 친절하게 대해주었던 여성 차장과 플랫폼에서 사진을 같이 찍었다.

그동안 아침에 열차 화장실에서 고양이 세수를 하였는데 발은 닦지를 못하였었다. 잠자리에 들기 전 작은 수건을 적셔와서 모처럼 발을 닦으니 기분이 상쾌했다.

DAY 07 YEKATERINBURG

아버님을 생각나게 한 기관차 입환 작업

시베리아 서쪽, 우랄산맥 부근에 오니 눈이 많이 내려 있었다.
마을과 산, 하천 등이 흰 눈으로 덮여있는데 특히 키가 큰 전나무들 잎에 눈이 많이 쌓여 있어 크리스마스트리가 수없이 세워져 있는 것 같았다.

오전 8시 40분에 튜멘역, 오후 1시 30분에 예카테린부르크역에서 빅토르와 플랫폼을 걸었다.
예카테린부르크는 러시아에서 네 번째로 큰 도시로 우랄지방 최대의 중공업 도시이다. 1918년 러시아 마지막 황제인 니콜라이

· 예카테린부르크역에서 입환 작업하는 두 역무원(1월 7일)

2세와 그의 가족들이 이 도시에 유폐되었다가 사살되었는데 그 자리에 2003년 피의 사원을 세웠다고 한다.

예카테린부르크역 플랫폼에서 보니 우리가 타고 온 열차의 기관차와 객차를 역무원 두 명이 다시 연결하고 있었다.
차량의 분리, 결합, 선로교체 등의 작업을 입환 작업入換 作業이라고 하는데 필자가 어릴 때 아버님이 지금은 폐선된 수여선 여주역에 근무하시며 입환 작업을 하시는 모습을 많이 보았었다. 평생을 철도청 역무원으로 근무하시며 6남매를 키우시느라 고생하신 아버님의 생전 모습을 보는 것 같아 가슴이 뭉클해졌다.

열차 8호실에 있는 해사 생도 K군에게서 "이지 러시아" 책자를 빌려 보았다.
그는 열차 식당칸에서 맥주와 식사도 들어 보았고 그 뒤쪽에 있는 샤워실에서 50루블씩을 내고 두 번 샤워를 했다고 하는데 내일 모스크바 아지무트 호텔에 체크인하기에 샤워실은 이용하지 않았다.
책자를 돌려주며 햇반2개, 통조림김치 등을 주니 고마워하며 저녁때 대학 신입생 L군과 들겠다고 했다.

내일 여행을 마치기에 짐을 정리하며 남아 있는 아몬드, 믹스커피 등을 빅토르에게 주었는데 그도 콘플레이크Cornflakes, 초콜릿 등을 필자에게 주어 받았다.

열차가 페름역에 도착하였을 때 내일 아침에 콘플레이크를 들기 위해 플랫폼에 내려가 매점에서 우유를 구입했다.

모스크바가 가까워질수록 큰 마을이 자주 나타나고 열차에 타고 내리는 승객도 많아졌다. 필자가 있는 5호실에도 예카테린부르크역에서 청년 두 명이 탑승하였으나 빅토르는 어제와 달리 관심을 보이지 않았다.

• 블라디미르역에서 입환 작업하는 두 역무원(1월 8일)

모스크바
도착

아침은 어제 빅토르가 준 콘플레이크에 우유를 부어 들었다.
오전 7시경 니즈니노브고로드역에서, 오전 10시 45분에는
블라디미르역에서 빅토르와 마지막 플랫폼 걷기를 했다.
블라디미르역에서는 제설차가 플랫폼에 내린 눈을 치우고
있었는데 눈 덮인 기차역과 주변 마을 경치는 설국에 온 여행을
실감케 했다.

오후 2시 10분경 드디어 모스크바 야로슬라브스키역에 도착했다.
버킷리스트에 있던 시베리아 횡단 열차 여행을 마치고 나니

· 차창 밖 눈 내린 마을과 전나무 숲

가슴이 뿌듯했다. 6박 7일간을 함께한 빅토르와 포옹하며 작별 인사를 나누었다. 여행은 만남과 헤어짐의 연속이지만 좁은 공간에서 말은 통하지 않고 행동과 표정만으로 의사를 소통하며 즐겁게 지낸 빅토르와의 짧은 인연은 오래도록 기억 속에 남아 있을 것이다.

모스크바역에서 러시아 외무부 청사 인근에 있는 아지무트 호텔까지는 대학 신입생 L군과 함께 지하철로 이동했다.

호텔에 도착하여 오랜만에 샤워를 하고 햇반과 통조림 더덕 장아치, 김 등으로 저녁을 간단히 들었다. 장시간 기차여행의 긴장이 풀려서인지 조금 지나자 꿈나라에 빠져들었다.

모스크바 시내에서 하루

오랜만에 편한 잠자리에서 푹 자고 일어나니 몸이 개운했다.
식당에 내려가 오트밀 죽, 크루아상 빵, 연어, 요구르트, 사과 주스 등으로 아침을 들고 호텔 카운터에서 지하철로 크렘린 가는 방법을 확인한 후 길을 나섰다.

모스크바 지하철은 적의 공습과 핵전쟁에 대비하여 방공호로 쓸 수 있도록 지하 100m에 깊숙이 건설했다는데 오르내리는 에스컬레이터가 아주 길었으나 빨랐다.
지하철 3호선 혁명광장역에 내려 한 층을 올라가니 양쪽 벽 반원형

· 모스크바 지하철 혁명광장역의 청동 조각상(맨 오른쪽이 청년과 함께 있는 개 조각상)

돔 식으로 만든 공간에 청동 조각상을 많이 설치해 놓고 있었다. 조각상 중 총을 든 청년과 함께 앉아 있는 개는 만지면 행운을 가져다준다고 하여 승객들이 오가며 많이 쓰다듬어 개의 코와 다리 부분이 반짝반짝 빛나고 있었다.

지하철역에서 나와 조금 걸으니 모스크바의 상징인 붉은광장과 성 바실리성당이 눈에 들어왔다.
붉은광장은 원래 아름다운고대 러시아어 : 크라스나야 광장이라 불리었는데 "크라스나야"는 현대 러시아어에서 "붉은"이란 뜻으로 쓰이기 때문에 "붉은광장"이란 호칭으로 바뀌었다고 한다. 구소련 시절 노동절5월 1일과 혁명기념일11월 7일에 붉은색 현수막을 광장 주위 건물에 걸고 붉은 깃발을 손에 든 사람들이 광장으로 모여 광장이 온통 붉은색으로 물들었었다고 한다.
붉은광장 주위에는 크렘린궁, 성 바실리성당, 굼 백화점, 러시아 국립 역사박물관, 레닌의 묘 등이 둘러싸고 있다.

크렘린궁에 입장하기 위해 찾아갔으나 목요일이 휴궁하는 날이라 입장하지 못하고 성벽을 따라 한 바퀴 걸었다. 전날 눈이 내렸고 당일도 진눈깨비 같은 눈발이 날려 벤치 주위에는 눈이 쌓였고 적막했다.
성벽을 돌고 나서 성 바실리성당에 들어갔다.

• 모스크바 지하철역의 긴 에스컬레이터

모스크바 붉은광장 옆 성 바실리성당

성 바실리성당은 황제 이반 4세가 러시아에서 카잔 칸을 몰아낸 것을 기념하기 위해 1561년에 완공한 정교회 성당이다. 47m의 팔각형 첨탑을 중심으로 주변에 8개의 양파 모양의 지붕을 비롯한 12개의 탑으로 이루어진 이색적인 건물이다.
안으로 들어가니 성화와 성물로 경건한 분위기를 조성해 놓았는데 특히 2층의 제단은 웅장하고 화려하게 꾸며져 성스러운 곳이란 것을 직감할 수 있었다.

· 성 바실리 성당의 제단

성당을 관람한 후 붉은 광장을 질러가니 레닌묘 앞쪽에 매표소가
있어 입장권을 한 장300루블을 끊었다.
그런데 레닌묘는 휴관일로 문이 닫혀 있어 매표소에 가서
물어보니 크리스마스와 신년 초라서 임시로 설치한 뒤쪽 놀이공원
입장권이라 했다.

입장권 반환과 환불이 안 된다고 하여 어찌할지 몰라 난감해하고
있는데 옆에 서서 이 상황을 지켜보고 있던 한 여성이 자기가
필자의 입장권을 사겠다고 했다.
영어를 할 줄 아는 그 여성은 잠깐만 기다리라고 하더니 주위 임시
점포에서 5,000루블짜리 지폐를 잔돈으로 교환하려고 나섰다.
아이를 태운 유모차를 끌며 4개 점포를 돌더니 잔돈을 바꾸어
가지고 와서 필자에게 300루블을 주고 놀이 시설 입장권을
건네받았다.
어찌나 고마운지 고맙다는 인사를 몇 번이나 하고 사진을 한 장
찍어도 되냐고 물으니 웃으며 포즈를 취해 주어 사진을 찍었다.
도움을 청하지도 않았는데 처음 본 동양인에게 선뜻 나서서
도와준 그 여성분에게 감사하다는 말을 한 번 더 이 지면을 통하여
전하고 싶다.

도와준 여성분과 헤어진 후 푸슈킨미술관으로 향했다.
미술관 입구의 그리스풍 대리석 기둥이 인상적인 푸슈킨미술관은
모스크바대학 부속의 조각 모형 박물관으로 출발했다고 한다.

· 모스크바 붉은광장에서 필자가 잘못 구입한 놀이 시설 입장권을 사준 여성

설립 초창기에 학생들의 교육 목적이 강했기에 전시된 조각품 중에는 모조품이 많았는데 미켈란젤로의 로마 바티칸성당에 있는 "피에타"와 피렌체 아카데미아 미술관에 있는 "다비드상", 파리 루브르박물관의 "밀로의 비너스" 등도 이곳에서 볼 수 있었다. 조각품 이외에 회화, 도자기, 공예품, 이집트 미라 등도 둘러보고 나왔다.

사실 관람객들이 가장 많이 찾는 곳은 2006년에 개관한 본관 건물 옆 신관으로 19~20세기 유럽과 미국 갤러리라고 한다. 이곳에는 세잔, 고흐, 르누아르, 마티스, 칸딘스키, 모네 등의 명작이 다수 전시되어 있다고 하는데 들르지 못하여 아쉬움이 컸다.

숙소로 돌아오는 길에 붉은광장 초입에 있는 작지만 아름다운 카잔성당에 들렀다.
황금색 지붕 아래 분홍색과 흰색으로 칠한 성당 안으로 들어서니 대여섯 줄로 성인들을 그려 놓은 성화와 제단 예수상 앞에 사람들이 촛불을 밝히고 기도를 드리고 있었다.
경건한 분위기에 조용히 발걸음을 옮기며 화려한 장식과 이 성당에 유명한 아기 예수를 안고 있는 성모의 형상이콘 등을 보고 나왔다.

• 눈이 조금 내리고 있는 모스크바 붉은광장에서

DAY 10 MOSCOW

크렘린궁을 보고 한국으로 출발

여행 마지막 날로 크렘린궁을 관람하고 저녁때 한국으로 돌아가는 날이다.
일찍 일어나 짐을 싸놓고 호텔 식당에서 아침을 든든하게 들었다.
어제와 같이 지하철로 혁명광장역에서 내려 미리 확인하여둔 매표소로 가서 입장권을 구입한 후 크렘린궁 안으로 들어갔다.

크렘린궁 안으로 들어가자마자 오른편으로 보이는 새 건물은 구소련 시절 공산당대회, 중앙위원회 총회 등이 열렸던 대회 궁전이었으나 지금은 국제회의장과 콘서트홀로 사용한다고 한다.

이 건물을 지나가니 길 건너편 왼쪽으로 러시아 대통령 관저가 보였으나 일반인에게는 출입이 금지되어 있었다.

안쪽으로 조금 더 가니 크렘린궁의 사원들이 나타났다. 가장 먼저 보인 것은 총주교의 궁전과 12사도 교회로 크렘린 안의 다른 사원과 달리 이곳의 5개의 돔은 은색으로 꾸며져 있었다.
교회 왼쪽으로 돌아가니 사원광장소보르나야 광장이 눈에 들어왔다. 사원광장 가는 길가에 대포의 황제차르와 종의 황제차르로 가는 길 표지판이 있어 그쪽으로 향했다.

대포의 황제는 무게 40톤, 구경 890mm로 16세기 말 당시 세계 최대의 구경을 자랑하던 대포라고 하는데 한 번도 발포된 적이 없다고 한다. 다른 나라 성곽 유적지에 있는 대포들의 서너 배가 되는 것 같은데 그 크기가 어마어마했다.

종의 황제는 1735년에 제작된 높이 6m, 무게 200톤의 세계 최대의 종이나 이 또한 한 번도 울리지 않았다고 한다. 종을 주조하던 중 화재가 발생했는데 불을 끄기 위해 찬물을 뿌려 종이 깨져 일부분이 떨어져나와 옆에 함께 전시되고 있었다. 우리나라 성덕대왕신종에밀레종이 높이 3.75m, 무게 18.9톤인 것에 비하여 그 크기에 입이 딱 벌어졌다. 프랑스 나폴레옹이 모스크바 점령 후 전리품으로 이 종을 챙겨 가려고 했지만 너무 무거워 포기했다고 한다.

모스크바 크렘린궁 종의 황제 앞 필자

황제의 종을 보고 나서 사원광장에 있는 사원들을 둘러보았다.
우선 광장 왼편에 있는 대천사 사원아르항겔리스크 성당부터 찾아 들어갔다. 이 사원은 러시아군의 수호천사인 대천사 미하일미가엘을 모신 곳으로 역대 황제와 귀족의 시신이 잠들어 있는데 벽과 기둥을 성화로 가득 채워 현란했다.

다음은 대천사 사원 앞쪽에 있는 성모 수태고지 사원블라고베시첸스키 성당으로 갔는데 이 사원은 황제들을 위한 가정교회로 이용되었다고 하는데 남문 입구 왼쪽에 성화 전시관이 있었다.
이곳도 제단과 벽면이 성화로 장식되어 화려하기 그지없었다.

세 번째로 성모 수태고지 사원 옆에 있는 자그마한 성모 성의 소장교회는 모스크바 공국 대주교들과 러시아제국 총주교들의 가정교회로 안에 전시된 목 조각품들도 볼 수 있었다.

마지막으로 찾은 성모 승천사원우스펜스키 대성당은 러시아제국의 국교 대성당이라 불렸는데 이곳에서 황제의 대관식, 대주교의 서임식 등 국가 중요 예식이 열리고 대주교와 총주교들의 시신을 모신 사원이라 했다.
이곳 성당 내에는 총주교, 황제와 황후가 예배드리는 자리를 개별적으로 약간 높게 만들어 놓았고 대주교와 총주교의 관들이 사원 벽을 따라 놓여 있었다.

사원광장을 나오며 오른쪽에 있는 이반 대제4세의 종루가 있어 들어가니 현대 작품들을 전시하고 있어 바로 나왔다. 황제들이 거주했던 대 크렘린궁전, 공식 축하연과 외국 대사 접견 등에 사용되었던 그라노비타야궁전 등은 관광객에게 개방되지 않고 있었다.

크렘린궁 관람을 마치고 크렘린 성내에 있으나 출입구가 다른 무기고 박물관으로 갔다.
무기고 박물관은 예전에는 갑옷이나 무기를 보관하는 곳이었으나 지금은 제정러시아 황실의 유물들을 전시해 놓은 박물관으로 바꿔 놓았다. 이곳에서 제정러시아의 무기와 갑옷 외에 황제의 의복과 왕관, 궁정 마차, 외교 사절들에게서 받은 금은 그릇과 진귀한 물건들, 유리 세공품, 도자기 등을 구경하고 나왔다.

같은 건물 남쪽에는 별도 요금을 내고 들어가는 다이아몬드 고 입구가 있다고 하는데 공항으로 갈 시간을 고려하여 생략했다.

호텔로 돌아와 1층 일식 식당에서 점심으로 미소 라면을 들고 카운터에서 공항으로 가는 방법을 자세히 확인한 후 길을 나섰다. 지하철을 한 번 갈아타고 버스로 환승하여 공항으로 갔다.
오후 6시 35분에 모스크바 세레메티예보2 국제공항을 이륙하며 러시아 여행을 마쳤다.

모스크바 크렘린궁 성모 수태고지 사원 앞 필자

DAY 11 INCHEON

인천공항 도착

아침 9시 30분경 인천공항에 도착하니 지난 10일이 꿈만 같았다. 2019년 7월 11일 미국 횡단 여행을 위해 인천 공항을 출발하여 한달간 여행을 했다. 이후 2020년 1월 1일 인천공항을 출발하여 러시아 시베리아 횡단 열차 여행을 나서 오늘 1월 11일 귀국했다. 정확히 6개월간에 버킷리스트에 있던 두 여행을 무사히 마친 것에 그동안 도와주신 주위 분들께 감사를 드렸다.

미국 ~ 한 달 여행

초판 인쇄 2022년 8월 26일
초판 발행 2022년 8월 31일

지은이 김춘석
펴낸이 김상철
발행처 스타북스
등록번호 제300-2006-00104호
주소 서울시 종로구 종로 19 르메이에르종로타운 B동 920호
전화 02) 735-1312
팩스 02) 735-5501
이메일 starbooks22@naver.com
ISBN 979-11-5795-660-9 03980

이 책의 본문에는 '을유1945' 서체를 사용했습니다.